全球变化热门话题丛书

主　编　秦大河
副主编　丁一汇　毛耀顺

地理信息系统及其在全球变化研究中的应用

Dili Xinxi Xitong Jiqi
zai Quanqiu Bianhua Yanjiu zhong de Yingyong

江东　编著

气象出版社

图书在版编目(CIP)数据

地理信息系统及其在全球变化研究中的应用/江东编著.—北京:气象出版社,2003.3(2009.6重印)
(全球变化热门话题/秦大河主编)
ISBN 978-7-5029-3549-8

Ⅰ.地… Ⅱ.江… Ⅲ.地理信息系统-应用-气候学-研究 Ⅳ.P46

中国版本图书馆 CIP 数据核字(2003)第 015185 号

气象出版社出版
(北京市海淀区中关村南大街 46 号 邮编:100081)
总编室:010－68407112 发行部:010－68409198
网址 http://www.cmp.cma.gov.cn E-mail:qxcbs@263.net
责任编辑:王桂梅 成秀虎 终审:周诗健
封面设计:新视窗工作室 责任技编:陈 红 责任校对:宋春香
*
北京京科印刷有限公司印刷
气象出版社发行 全国各地新华书店经销
*
开本:889×1194 1/32 印张:4.875 字数:117 千字
2003 年 3 月第一版 2009 年 6 月第四次印刷
印数:7501～10500 定价:15.00 元

本书如存在文字不清、漏印以及缺页、倒页、脱页等,请与本社发行部联系调换

序　　言

全球变化科学是从20世纪80年代发展起来的一个新兴的科学领域。其研究对象是气候系统(包括岩石圈、大气圈、水圈、冰冻圈和生物圈)、各子系统内部以及各子系统之间的相互作用。它的科学目标是描述和理解人类赖以生存的气候系统运行的机制、变化规律以及人类活动在其中所起的作用与影响，从而提高对未来环境变化及其对人类社会发展影响的预测和评估能力。近20年来，全球变化的研究方向经历了重大调整。首先是从认识气候系统基本规律的纯基础研究为主，发展到与人类社会可持续发展密切相关的一系列生存环境实际问题的研究；其次是从研究人类活动对环境变化的影响，扩展到研究人类如何适应和减缓全球环境的变化。全球变化的研究已经取得了重大的进展。

气候变化是全球变化研究的核心问题和重要内容。科学研究表明，近百年来，地球气候正经历一次以全球变暖为主要特征的显著变化。近50年的气候变暖主要是人类使用矿物燃料排放的大量二氧化碳等温室气体的增温效应造成的。现有的预测表明，未来50～100年全球的气候将继续向变暖的方向发展。这一增温对全球自然生态系统和各国社会经济已经产生并将继续产生重大而深刻的影响，使人类的生存和发展面临巨大挑战。

自工业革命(1750年)以来，大气中温室气体浓度明显增加。大气中二氧化碳的浓度目前已达到368 ppmv(百万分之一体积)，这可能是过去42万年中的最高值。增强的温室效应使得自1860年有气象仪器观测记录以来，全球平均温度升高了0.6 ± 0.2℃。

最暖的 14 个年份均出现在 1983 年以后。20 世纪北半球温度的增幅可能是过去 1 000 年中最高的。降水分布也发生了变化。大陆地区尤其是中高纬地区降水增加,非洲等一些地区降水减少。有些地区极端天气气候事件(厄尔尼诺、干旱、洪涝、雷暴、冰雹、风暴、高温天气和沙尘暴等)的出现频率与强度增加。近百年我国气候也在变暖,气温上升了 0.4~0.5℃,以冬季和西北、华北、东北最为明显。1985 年以来,我国已连续出现了 17 个全国大范围暖冬。降水自 20 世纪 50 年代以后逐渐减少,华北地区出现了暖干化趋势。

对于未来 100 年的全球气候变化,国内外科学家也进行了预测。结果表明:(1)到 2100 年时,地球平均地表气温将比 1990 年上升 1.4~5.8℃。这一增温值将是 20 世纪内增温值(0.6℃左右)的 2~10 倍,可能是近 10 000 年中增温最显著的速率。21 世纪全球平均降水将会增加,北半球雪盖和海冰范围将进一步缩小。到 2100 年时,全球平均海平面将比 1990 年上升 0.09~0.88 m。一些极端事件(如高温天气、强降水、热带气旋强风等)发生的频率会增加。(2)我国气候将继续变暖。到 2020~2030 年,全国平均气温将上升 1.7℃;到 2050 年,全国平均气温将上升 2.2℃。我国气候变暖的幅度由南向北增加。不少地区降水出现增加趋势,但华北和东北南部等一些地区将出现继续变干的趋势。

气候变化的影响是多尺度、全方位、多层次的,正面和负面影响并存,但它的负面影响更受关注。全球气候变暖对全球许多地区的自然生态系统已经产生了影响,如海平面升高、冰川退缩、湖泊水位下降、湖泊面积萎缩、冻土融化、河(湖)冰迟冻与早融、中高纬生长季节延长、动植物分布范围向极区和高海拔区延伸、某些动植物数量减少、一些植物开花期提前等等。自然生态系统由于适应能力有限,容易受到严重的、甚至不可恢复的破坏。正面临这种危险的系统包括:冰川、珊瑚礁岛、红树林、热带雨林、极地和高山生态系统、草原湿地、残余天然草地和海岸带生态系统等。随着气候变化频率和幅度的增加,遭受破坏的自然生态系统在数目上会有所增加,其地理范围也将增加。

气候变化对国民经济的影响可能以负面为主。农业可能是对气候变化反应最为敏感的部门之一。气候变化将使我国未来农业生产的不稳定性增加,产量波动大;农业生产布局和结构将出现变动;农业生产条件改变,农业成本和投资大幅度增加。气候变暖将导致地表径流、旱涝灾害频率和一些地区的水质等发生变化,特别是水资源供需矛盾将更为突出。对气候变化敏感的传染性疾病(如疟疾和登革热)的传播范围可能增加;与高温热浪天气有关的疾病和死亡率增加。气候变化将影响人类居住环境,尤其是江河流域和海岸带低地地区以及迅速发展的城镇,最直接的威胁是洪涝和山体滑坡。人类目前所面临的水和能源短缺、垃圾处理和交通等环境问题,也可能因高温、多雨而加剧。

由于全球增暖将导致地球气候系统的深刻变化,使人类与生态环境系统之间业已建立起来的相互适应关系受到显著影响和扰动,因此全球变化特别是气候变化问题得到各国政府与公众的极大关注。

1979年的第一次世界气候大会(主要由科学家参加)宣言提出:如果大气中的二氧化碳含量今后仍像现在这样不断增加,则气温的上升到20世纪末将达到可测量的程度,到21世纪中叶将会出现显著的增温现象。1990年11月,第二次世界气候大会(由科学家和部长参加)通过了《科学技术会议声明》和《部长宣言》,认为已有一些技术上可行、经济上有效的方法,可供各国减少二氧化碳的排放,并提出制定气候变化公约的问题。1991年2月联合国组成气候公约谈判工作组,并于1992年5月完成了公约的谈判工作。1992年6月联合国环境与发展大会期间,153个国家和区域一体化组织正式签署了《联合国气候变化框架公约》。1994年3月21日公约正式生效。截止到2001年12月共有187个国家和区域一体化组织成为缔约方。公约缔约方第一次大会于1995年3月在德国柏林召开。经过两年的艰苦谈判,1997年12月在日本京都召开的公约第三次缔约方大会上通过了《京都议定书》，为发达国家规定了到 2008~2012 年的具体的温室气体减排义务。

1988 年 11 月世界气象组织和联合国环境规划署建立了"政府间气候变化专门委员会(IPCC)"，其主要任务是定期对气候变化科学知识的现状、气候变化对社会和经济的潜在影响，以及适应和减缓气候变化的可能对策进行评估，为各国政府和国际社会提供权威的科学信息。自成立以来，IPCC 已组织世界上数以千计的不同领域的科学家完成了三次评估报告及"综合报告"。目前，IPCC 正在准备编写第四次评估报告，将于 2007 年完成。此外，还组织编写了许多特别报告、技术报告。IPCC 组织编写的这些评估报告，作为制定气候变化政策和对策的科学依据提交给国际社会和各国政府。它不仅为各国政府部门制定气候变化对策提供了科学信息，而且也直接影响着《联合国气候变化框架公约》及《京都议定书》的实施进程，并在荒漠化、湿地等其他国际环境公约的活动中发挥着越来越大的作用。

全球气候变化问题，不仅是科学问题、环境问题，而且是能源问题、经济问题和政治问题。全球气候变化问题将给我国带来许多挑战、压力和机遇。

国际上要求我国减排温室气体的压力越来越大。目前我国二氧化碳排放量已位居世界第二，甲烷、氧化亚氮等温室气体的排放量也居世界前列。预测表明，到 2025~2030 年间，我国的二氧化碳排放总量很可能超过美国，居世界第一位；目前低于世界平均水平的我国人均二氧化碳排放量可能达到世界平均水平。由于技术和设备相对落后、陈旧，能源消费强度大，我国单位国内生产总值的温室气体排放量比较高。

我国减排温室气体的潜力受到能源结构、技术和资金的制约。煤是我国的主要能源，在我国一次能源消费中，煤炭约占 70%。受能源结构的制约，我国通过调整能源结构来减少二氧化碳排放量的潜力有限。如果近期就承担温室气体控制义务，我国的能源供应辐射、大气化学、大气物理、环境和生态演变等多学科交叉理论为基础,深入浅出地阐述气候变化的成因;三是以可持续发展理论为指导,提出人类适应和减缓全球变化的各种对策、途径和方法。该丛书的出版,旨在使人们对全球变化有清醒而全面的科学认识,从而更加关注全球变化,并且在更高的层次上、更广泛的范围内认识我国在全球变化中的地位和作用,自觉参与人类社会的共同决策,保护人类赖以生存的地球环境。

国家气候委员会主任
中国气象局局长　秦大河

2003 年 3 月 23 日

将受到制约。同时,因缺少相应的技术支撑,我国的经济发展将受到严重影响。因此,我国的能源结构和减排成本决定了我国不可能过早地承诺减排义务。在相当一段时期内,我国应坚持"节约能源、优化能源结构、提高能源利用效率"的能源政策,但是需要相当的技术和资金作为保证。目前发达国家希望通过"清洁发展机制(CDM)"项目,从发展中国家获得减排抵消额。这将为发展中国家获得新的投资和技术转让带来机遇。

我国党和政府对气候变化问题一直非常重视,早在1986年就成立了国家气候委员会,其职责是参加国际有关组织相应的活动,并在开展气候研究、预报、服务等工作中,负责对外的国际合作、交流,对内起到组织协调的作用,并与各有关部门共同协商、配合工作,充分发挥各有关单位的积极性,使气候科学更好地为国家建设服务。1995年成立了国家气候中心,专门从事气候监测、预测和评价等工作,为我国经济建设和社会发展提供了卓有成效的服务。目前,气候变化与生态环境问题已引起党和政府的高度关注。但是总体来看,迄今为止我国还未把适应与减缓气候变化影响的问题真正提上议事日程,这方面的研究仍十分薄弱和不足。由于全球气候变暖可能给我国自然生态系统和社会经济部门带来难以承受的、不可逆转的、持久的严重影响。因此,应对全球气候变暖的影响,趋利避害,应成为我国实施可持续发展时必须重视的问题之一。需要全面深入研究气候变化对我国自然生态系统和国民经济各部门的影响后果、可采取的适应与减缓措施,并在对其进行成本-效益分析的基础上,提出我国适应与减缓气候变化影响的规划和行动计划。

为了宣传和普及气候和气候变化方面的科学知识,提高公众在全球变化问题上的科学认识,我们组织编撰出版这套《全球变化热门话题》丛书。本套丛书一共18册,由国内相关领域的知名专家撰稿,内容包括以下三方面:一是以大量监测数据为基础,揭示全球变化的若干事实及其在各个分系统中的表现形式;二是以太阳

目 录

第一章 什么是地理信息系统 ……………………………… (1)
  一图胜千言 ……………………………………………… (1)
  GIS 的组成 ……………………………………………… (3)
    硬件设备 …………………………………………… (3)
    软件系统 …………………………………………… (4)
    数据 ………………………………………………… (5)
    人员 ………………………………………………… (6)
    方法 ………………………………………………… (6)
  GIS 溯源 ………………………………………………… (7)
    GIS 的萌芽 ………………………………………… (7)
    GIS 的发展 ………………………………………… (7)
    走向成熟的 GIS …………………………………… (9)
  GIS、数字地球与数字化生活 ………………………… (10)
    数字时代 …………………………………………… (10)
    数字地球 …………………………………………… (11)
    GIS 能带来什么？ ………………………………… (12)

第二章 GIS 的基本运转模式 …………………………… (14)
  数据采集 ………………………………………………… (15)
    数字化 ……………………………………………… (16)
    数据类型转换 ……………………………………… (18)

　　　　坐标与投影转换 ………………………………………… (21)
　　　　数据质量诊断与控制 …………………………………… (23)
　　信息处理 ……………………………………………………… (24)
　　　　定性、定量、定位 ………………………………………… (25)
　　　　站点观测数据的空间化 ………………………………… (28)
　　　　地理编码 ………………………………………………… (33)
　　空间分析 ……………………………………………………… (36)
　　　　配准：统一的地理坐标系统 …………………………… (37)
　　　　基本图形运算 …………………………………………… (38)
　　　　多要素叠加分析 ………………………………………… (39)
　　　　缓冲区分析 ……………………………………………… (44)
　　　　地理统计 ………………………………………………… (46)
　　　　网络分析 ………………………………………………… (49)
　　　　从空间分析到空间决策 ………………………………… (51)
　　信息表达 ……………………………………………………… (53)
　　　　统计图表 ………………………………………………… (54)
　　　　专题制图 ………………………………………………… (55)
　　　　三维可视化 ……………………………………………… (57)
　　　　虚拟地理环境 …………………………………………… (59)
第三章　GIS 与地理信息加工 ………………………………… (62)
　　地理信息增值服务 …………………………………………… (63)
　　　　数据加工 ………………………………………………… (64)
　　　　信息提取 ………………………………………………… (67)
　　　　多源信息融合 …………………………………………… (69)
　　　　数据挖掘与知识发现 …………………………………… (75)
　　地理信息空间化 ……………………………………………… (78)
　　　　基础地理数据的空间化 ………………………………… (79)
　　　　气候要素的空间化 ……………………………………… (79)

栅格上的人类社会 …………………………………… (83)
数字时代的司马迁 ……………………………………… (88)
　　　岁月留痕 ………………………………………………… (90)
　　　气候变化的时空特征 …………………………………… (90)
　　　数字化的"史记" ……………………………………… (92)

第四章　GIS 在全球变化领域中的应用 ……………… (96)
　　它山之石,可以攻玉 ……………………………………… (96)
　　　数据 ………………………………………………………… (98)
　　　空间分析方法 …………………………………………… (104)
　　　沿着时间轴漫步 ………………………………………… (105)
　　　专业应用模型与 GIS 的耦合 ………………………… (107)
　　GIS 在全球变化中的应用 ……………………………… (110)
　　　能量与水平衡监测 ……………………………………… (113)
　　　水文、水资源 …………………………………………… (117)
　　　土地利用/土地覆盖 …………………………………… (120)
　　　荒漠化监测 ……………………………………………… (125)
　　　农作物监测系统 ………………………………………… (127)

第五章　GIS 的应用前景 ……………………………… (133)
　　虚拟气候系统 …………………………………………… (134)
　　互联网时代的 GIS ……………………………………… (137)
　　飞入寻常百姓家 ………………………………………… (139)
参考文献 ………………………………………………… (143)

第一章
什么是地理信息系统

人类文明发展的过程,就是人类与自然界协作—抗争—协作的过程。随着21世纪第一个黎明的来临,人类社会迈步进入高速发展的信息时代。人们在享受信息社会累累硕果的同时,也面临着全球变暖、土地退化、物种减少和淡水资源短缺等全球变化问题的困扰。我们只有一个地球,为了我们共同家园的美丽和宁静,必须对全球变化带来的影响进行客观评价,监测现状,回溯历史,预测未来,为人类社会的可持续发展提供切实可行的方略。

制造和使用工具是人区别于动物的特有活动。经过几代人的不懈努力,一种研究全球变化及其相关地理现象的有力工具——地理信息系统(Geographic Information System,即GIS)正不断趋于完善,并在现实生活中发挥着越来越重要的作用。GIS将颠覆你对地球的想象!

一图胜千言

GIS的出现是信息技术及其应用发展到一定程度的必然产物。

人类生活在地球上,80%以上的信息与地球上的空间位置有关,起先人们以绘制地图来记录发生在身边的地理现象和地理信息。地图被称为地理学的第二语言,作为一种图形语言形式,既直观生动,又精要凝练,方寸之间往往蕴含丰富的信息,正所谓"一图胜千言"(A map worth a thousand words)。人们利用地图获得自己对空间地理环境的认识,在地图上进行规划设计。

随着人类面对的信息种类和数量的日益倍增,传统的手工填绘、纸张存储的制图方式的弊端开始显现:信息滞后、存储受限、传输方式单一、模拟能力有限、信息提取分析速度慢;只能记录连续变化着的地理现象的某一瞬时,不能进行动态分析;不易存储等。

计算机技术突飞猛进的发展,为我们带来了新的思路和方法。人们开始采用数字形式存储地理信息,用计算机进行辅助管理和相关操作,这种新的技术系统便是现在常说的"地理信息系统"。GIS 是利用现代计算机图形技术和数据库技术,输入、存储、编辑、分析、显示空间信息及其属性信息的地理资料系统(Longley 等.,2001),它以计算机为手段,对具有地理特征的空间数据进行处理,能以一个空间信息为主线,将其它各种与其有关的空间位置信息结合起来。它的诞生改变了传统的数值处理信息方式,使信息处理由数值领域步入空间领域。因此,GIS 是计算机辅助制图/设计(CAM/CAD)、数据库管理(DBM)、遥感(RS)等信息技术交叉、融合的结果(图 1.1)。

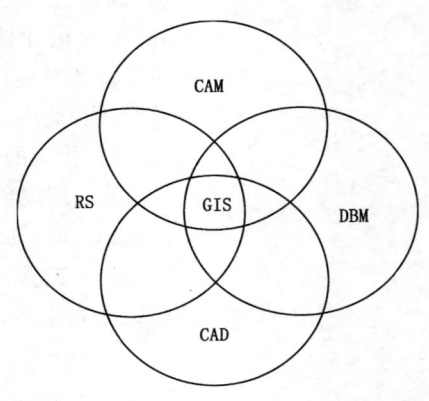

图 1.1　GIS 与相关学科的关系示意图·
(据 Maguire D. J. et al.,1991)

GIS 是传输地理信息的新载体。在 GIS 中,信息处理的方式主要是图形方式,它直观醒目,各地理要素的分布态势及彼此之间的拓扑关系一目了然,使人能从宏观上迅速把握全局。GIS 技术的发展吸取了地理学、测量学、制图学、电子工程和计算机科学的营养,特别是计算机辅助制图(CAM)、数据库管理(DBM)、计算机辅助设计(CAD)、遥感(RS)和计量地理学(CG)等学科的发展为 GIS 技术的发展创造了条件。有人甚至认为,GIS 是前五个学科的交叉领域或者是它们的总和。计算机制图着重于数据分类和自动符号表达;计算机辅助设计偏重于设计并对所设计的物体用图形符号进行表达;数据库管理系统主要实现对非图形数据的优化存储和提取;遥感是关于从一定距离使用各种传感器获取特定目标的各种图像,并对这类图像进行处理和分析,以提取信息的技术。GIS 与这些学科的主要区别在于它的空间分析功能,如以地理位置或空间范围作为信息提取的索引和对多层数据进行叠加处理等。随着科学技术的发展,如今的 GIS 已经逐渐地由地球科学向外太空科学延伸,为人类的长久生存做着重要的贡献。

GIS 的组成

GIS 由五个主要元素所构成:硬件、软件、数据、人员和方法(陈述彭等,2001;张超,2000)。

硬件设备

GIS 最核心的硬件设备是计算机系统,其规模和组成视具体的应用需求而定:一个小型的应用系统可以由一台个人计算机独立运作;而一个大型的系统可能由数台计算机和网络共同组成。为了完成地理信息的输入和地图成果的输出,除一般的键盘和鼠标之外,还必须有一些特别的外围设备。输入设备包括扫描仪(scanner)或数字仪(digitizer),用于输入传统地图上的信息。扫描仪能够将纸质地图或遥感图片扫描成数字影像,以 TIF 或 BMP 等多种方式存储;数字化仪则可以将纸质地图上的地物信息以矢量形式(点、线、多边形)存储在计算机中。常用的图形输出设备包括:图形显示器、打印机、绘图机等。GIS 的基本硬件设备如图 1.2 所示。

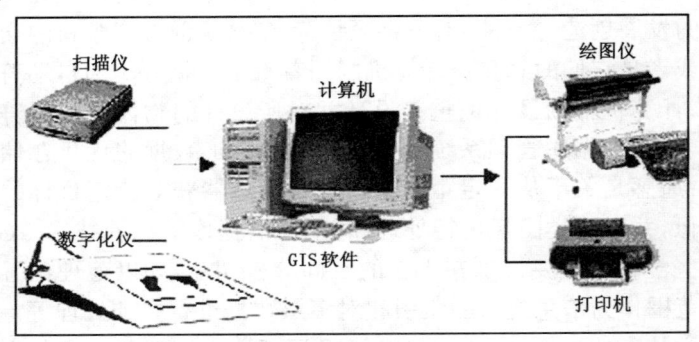

图 1.2　GIS 的基本硬件设备

软件系统

　　GIS 软件用于完成对地理信息的存储、管理、分析和显示的功能和操作。GIS 软件系统可以再细分为以下主要子系统:

　　● 数据输入子系统:负责数据的采集、预处理和数据的转换(主要指不同管理信息系统间的数据交流)。

　　● 数据存储与检索子系统:负责组织和管理数据库中的数据,以便于数据查询、更新与编辑处理。

　　● 数据分析与信息处理子系统:负责对数据库中的数据进行计算和分析、处理,如面积计算,储量计算,体积计算,缓冲区分析,空间叠置分析等。

　　● 数据输出子系统:以表格、图形、图像方式将数据库中的内容和计算、分析结果输出到显示器、绘图纸或其它介质上,或转换为其它系统所需要的格式。

以上四类子系统是 GIS 的基础组成部分,在一些具体的应用实践中,可能会根据实际需要适当扩展。

数 据

"问渠哪能清如许,为有源头活水来",数据是 GIS 系统中的血液,它在 GIS 系统中有序流动,将我们需要的"营养物质"(信息)带到指定位置(各功能模块),并且不断吐故纳新,保持数据的时效性。

GIS 所处理的数据不同于一般管理信息系统(Management Information System,即 MIS)的数据。一般资料可能仅包含属性及彼此间的关联,而地理数据则包含了图形(graphic)及属性(attribute)两部分。

图形部分是指地理现象的大小、形状、位置及地理对象(geographic objects)间的相互关连。依照资料的维度,可以将空间资料区分为:

● 点:代表某些点状的地理现象,例如:测量控制点、水文测站位置、电话亭位置、下水道的人孔等,都是一些点状的资料,具有单一的坐标。

● 线:一维的资料,例如:河川、道路系统,公共设施管线,都是一维的线性数据。

● 面:二维的资料,例如:各种土地利用的范围、行政区域、地籍资料等,是一种平面的资料。

● 体:三维空间的资料,用来表现如地质、大气、海洋等现象,这种资料除具有 X 和 Y 位置外,在垂直方向也有不同属性。

属性资料是用来表现地理现象的性质或数量。地理现象的属性可以分成下列四个类别:

● 识别资料：用来表现空间对象的识别，如街道名、乡镇名等。

● 类别资料：如土地利用型态、土壤的类别、电话线和电力线的区分。这种资料只有种类的区分，而没有数量、大小或等级的差别。

● 级序资料：资料具有等级大小的关系，如国道、省道、县道的分级。

● 数量资料：如交通流量、人口数量、高度、温度等可以量度的资料。

这些数据中，第一类数据是由字符串来表示，第二和第三类资料可以用文字或数字来表示，而第四类则是以数字表示。所以地理信息系统中的属性资料可以是文字、数字或字符串等。空间与属性资料整合之后，始构成一笔笔完整的地理资料。

人 员

这里的人员指的是不同层次的 GIS 用户。GIS 的用户范围包括设计、维护系统的技术专家和那些使用该系统并完成他们的工作的人员。为了维持正常运作，GIS 运作中的相关工作包括：系统研发、维护及使用等不同层次。一个系统往往需要不同专业人员合作，有的负责计算机系统的维护与管理，有的负责软件的操作和使用，有的则是负责企划和项目管理。对于一个小型单位内部使用的系统，运作人员可能是兼具各种知识、身兼数职的个人，而在一个大型的系统之下，这些人员组成可能需要包括数个不同专长的人士所组成的团队，人才的优劣关系着系统的运作与发展。

方 法

成功的 GIS 系统，具有好的设计计划和自己的事务规律，这些称为 GIS 的规范和方法，而对每一个单位来说，具体的操作实践又是独特的。一般来说，GIS 有五个过程或任务：输入、处理、管理、查询和分析、可视化。

输入就是将地理信息放入 GIS 中,包括纸质地图的数字化、扫描,已有数字化地图的格式转换,甚至是野外现场实际测图等。

处理就是对输入的信息进行归整,例如:加入地图投影的信息、地物属性特征的添加、图幅的规范整饰等,为下一步的管理和分析工作奠定良好的基础。

管理就是按照用户的需求对地理信息进行统一的安排,包括地图的增加、删除、修改、检索和查询(从空间信息对属性信息的查询、从属性信息到空间信息的查询)。GIS 的分析功能包括:道路的交叉分析、网络分析、缓冲区分析、多层地图叠加分析等内容。

可视化是对查询或对分析的结果用二维或立体的形式加以表达,使用户一目了然。

GIS 溯源

GIS 的萌芽

地理信息系统的创立和发展是与地理空间信息的表示、处理、分析和应用手段的不断发展紧密联系的。地理信息系统起源于北美。世界第一个运行性地理信息系统是在 1963 年加拿大土地调查局为了处理大量的土地调查资料,由测量学家 R. F. Tominson 提出并建立的。同一时期美国哈佛大学的计算机图形与空间分析实验室,建立了 SYMAP 系统软件,竭力发展空间分析模型和制图软件。但由于当时计算机技术水平不高,存贮量小,磁带存取速度较慢,使得 GIS 带有更多的机助制图色彩,地学分析功能极简单。

GIS 的发展

试验与实践:20 世纪 70 年代以后,由于计算机软、硬件迅速发展,特别是大容量存贮功能磁盘的使用,为地理空间数据的录入、存贮、检索、输出提供了强有力的手段,使 GIS 朝实用方向迅速发展。美国、加拿大、英国、德国、瑞典、日本等发达国家先后建立了许多不同专题、不同规模、不同类型的各具特色的地理信息系统,如美国地质调查局建立了 50 多个地理信息系统用于地理、地质、地形和水资源等领域空间信息的工具,典型的有 GIRAS,用于处理、分析全国范围土地利用和土地覆盖制图的空间数据。在此期间,许多大学和研究机构也开始重视 GIS 软件设计及应用的研究。如美国纽约州立大学创建了 GIS 实验室,后来发展成为包括加州大学和缅因州大学在内的由美国国家科学基金会支持的国家地理信息分析中心。70 年代的 GIS 分析功能与 60 年代相比,并未得到很大扩充,许多数据库的容量也较小。因此,70 年代可以说是地理信息系统的巩固阶段。

商业化:20 世纪 80 年代是 GIS 普及和推广应用的大发展阶段,由于新一代高性能计算机的普及和迅速发展,GIS 也逐步走向成熟。GIS 的软、硬件投资大大降低,而能力则明显提高,已进入多学科领域,由功能单一、比较简单的分散系统发展成为多功能的用户共享的综合性信息系统,并向智能化发展。随着 GIS 与卫星遥感技术的结合,GIS 已用于全球变化的研究与监测,如全球沙漠化、厄尔尼诺现象等研究。所以,80 年代是地理信息系统发展具有突破性的年代,出现了一些具代表性的性能较好的 GIS 软件,如 ARC/INFO,MICROSTATION,SICAD 和 GENAMAP 等。在我国,开始了 GIS 的启蒙研究,从概念的引入、理论的消化到软件的自行开发和专业应用系统的建设,起步虽晚,但发展很快,1985 年成立了国家资源与环境信息系统重点实验室,对 GIS 进行理论探索和区域性实验研究,并制定国家 GIS 的规范,进行信息采集、数据库模型设计(陈述彭等,2001)。

产业化:20 世纪 90 年代以来,GIS 逐渐成为一项蓬勃发展的产业,并跻身为 IT 行业的一部分。GIS 已渗透到各行各业,成为人们规划管理中不可缺少的应用工具。在"数字地球"的整体思路框架下,GIS 成为国民经济信息化建设的重要工具,在"数字河流"、"数字城市"等工程项目中大显身手。我国的 GIS 也已不再"养在深闺人未识",从科研院所的实验室里走向社会,形成了市场经济体制下良性的发展模式,成为一个全国性的研究领域,GIS 已逐步与国民经济建设相结合,取得了重要进展和实际应用效益。一方面,以研究资源与环境信息的国家规范和标准,省、市、县级的规范和区域性的规范为主体,解决信息共享与系统兼容的问题。另一方面,开展全国性的自然资源与环境、国土和水土保持信息系统的建立和应用模式研究,开展结合水保、洪水预警和救灾对策、防护林生态和城市环境等方面区域信息研究。第三方面是研制和发展软件系统和专家系统,从技术上支撑上述研究领域的开拓与发展。如北京大学的地理专家系统、华东师范大学的地理应用程序软件包等。并完成了一批综合性、区域性和专题性的信息系统,如黄土高原水土流失信息系统、黄河下游洪水险情预警信息系统、中国国土基础信息系统等。现已在全国范围内形成了地理信息系统的科研队伍,大、中、小城市的城市信息系统和土地利用信息系统,资源管理信息系统等专题的地理信息系统纷纷建立和运转起来(陈述彭等,2001;郭达志,1996;黄杏元,1990)。

走向成熟的 GIS

20 世纪 90 年代以来,地理信息系统发展迅猛,其内涵不断丰富、外延逐步拓展。最初的地理信息系统都是一些具体的应用系统,充其量只能称之为一项技术。现在已发展成一门独立的、充满活力的新兴学科——地球信息科学。地球信息科学从理论上讲是解决地球信息问题,它的范围包括从卫星航空遥感或全球定位系统(GPS)接受信息,变换和校正后进入空间数据库(数据库中的地理信息可以方便地检索、查询),在此数据库和相关知识库的基础上能够定义和生成各种领域专用模型,如城市规划模型、灾害评价模型等;运用这些模型对地理数据进行有效分析,并把分析结果或决策咨询建议以直观、清晰的形式输出。

  GIS 的应用也日趋深化和广泛,在国土资源、农业、气象、环境、城市规划等领域成为常备的工作系统。尤其是 1998 年,美国前副总统戈尔提出"数字地球"的概念以来,GIS 在全球得到了空前迅速的发展,广泛应用于各个领域,产生了巨大的经济和社会效益。进入 21 世纪后,我国正式提出了建设"电子政务",以政务信息化带动社会信息化的宏伟构想,GIS 将在国民经济宏观管理、数字国土、数字水利等领域中发挥重要作用。

  今天,GIS 已是一个全球拥有数十万的人员和数十亿美元的产业,GIS 已在全世界的中学、学院、大学里被讲授;GIS 的发展进入了以用户为中心的时代,GIS 正成为人们日常生活、工作中不可或缺的得力助手。

GIS、数字地球与数字化生活

数字时代

  21 世纪是数字化的时代。

  1946 年,世界上第一台通用数字电子计算机问世,这是人类科技史上具有深远意义的一个新起点。计算机技术的不断提高和广泛使用,大大提高了人类处理、存储信息的能力。20 世纪 80 年代,美国学者阿尔温·托夫勒在他的《第三次浪潮》中,提出了一个大胆的预测:人类文明发展在经历了农耕社会和工业社会后,即将进入信息社会;互联网的使用和普及,引爆了信息核弹,"忽如一夜春风来,千树万树梨花开",人类交流信息的能力得到空前的提高;

1995年,美国麻省理工学院教授兼媒体实验室主任尼葛洛庞蒂的《数字化生存》宣告了信息时代(数字化时代)的到来。

"数字化将决定我们生存"。信息时代的来临,正在引起人类社会的巨大变革,改变人类的生存和发展方式。信息技术是信息社会的主要生产力,"四个现代化,哪一化也离不开信息化"(引自江泽民总书记的讲话)。1996年,在联合国"信息社会与发展"大会上,重点讨论了在以信息高速公路为标志的信息时代,全球资源环境的管理、全球大规模自然灾害应对策略等问题。

数字化的浪潮正滚滚向前。

数字地球

信息技术为全球变化的发展提供了新的解决途径。数字地球是美国继"星球大战计划"和"信息高速公路"之后又一全球性战略计划。1998年1月31日,美国前副总统戈尔在《数字地球:对21世纪人类星球的认识》(The Digital Earth: Understanding our planet in the 21st century)的报告中提出:"我们需要一个'数字地球',即一种可以嵌入海量地理数据的、多分辨率的和三维的地球的表示,可以在其上添加许多与我们所处的星球有关的数据。"同时,戈尔用小孩参观一个地方博物馆的例子,描绘数字地球的场景:"当他戴上头盔时,他便可以看到与从太空看到的一样的地球。然后,通过数据手套,他可以对所看到的影像进行放大,这样通过越来越高的分辨率,他便可以看到各大洲以及不同的地区、国家、城市等内容,甚至最后还可以看到具体的房屋、树木以及其它自然的或人造的对象。"(李德仁,1999)

数字地球的提出有其全球战略的考虑,正如江泽民主席所说:"世界各国都在抓紧制定面向新世纪的发展战略,争先抢占科技、产业和经济的制高点"。针对数字地球,中国科学院陈述彭院士认为:数字地球并非是一个孤立的科技项目或技术目标,而是一个整体性的、导向性的战略思想;美国提出数字地球这一战略思想,绝非偶然,有着深远的政治意义和经济背景。在未来利益冲突中,无论舆论宣传,还是军事冲突,将很大部分依赖对数字地球的控制,在数字地球上占优势的一方将在数字地球上展开外交攻势、新闻传播、心理战、政治颠覆、文化入侵、数据破坏等,因此,未来全球战略推行的成败将首先决定于数字地球上的力量对比。目前,世界上很多发达国家都采用以政府主导的形式,集中力量进行数字化建设,从而带动整个国家实现新的技术升级,在国际经济、政治格局中获得新的优势。

在技术层面上,数字地球是对真实地球及其相关现象的统一的数字化的认识,它将全球性、动态性的、高空间分辨率的遥感数据与各种资源、环境、生态和社会经济数据整合,由计算机进行管理,经网络面向公众,这样人们可以便捷、准确地掌握全球的各种状况,为各种政策、法规的制定提供决策支持。

GIS 能带来什么?

全球变化研究体现了人类社会对人类活动所引起的自然环境改变及可能后果的关注。工业革命以来,特别是近 50 年来,人类无节制地开发利用资源不仅会导致资源的危机,而且有可能打破自然环境的脆弱平衡,导致全球变化,人们已清楚地意识到,人类本身有意和无意的行为,已有使地球环境趋向恶性发展以至于达到不可收拾的可能,人类活动所引起的环境变化已不再是局地性问题,人类正在以各种连自己还没能认识得很清楚的方式,根本性地改变使生命得以在地球上存在的各种系统和循环(IGBP,1992)。原本一直处于变化之中的自然环境与人类活动引起的变化相互叠加,会对人类产生更大的影响,成为引起环境变化的一个重要因素。人类必须改善这种状况,学会如何科学地决策,如何可持续地发展。从 1980 年以来,国际科学界组织实施了主要由国际地圈-生物圈计划(IGBP)、全球变化人文计划(IHDP)、世界气候研究计划(WCRP)以及生物多样性计划(DIVERSITAS)四个计划构成的全球变化研究计划(中国自然科学基金委员会,1997)。上述研究计划的实施标志着全球变化研究已成为当前人类对地球知识关注的焦点,并正逐步发展成为一个跨越众多地球分支学科界线的独立学科。

全球变化是以整个地球系统为研究对象的,因此对全球信息的要求十分迫切。研究全球环境现状、各组成部分间的相互作用和全球变化规律,有利于提高人类预测未来气候和环境变化的水平和适应能力,合理开发和利用自然资源,实现农、林、牧、副、渔业生产的合理布局,预防和治理水、土壤及大气污染,制定全球性环境问题重大决策,防止地球环境恶化,保护和改善人类的生存环境。"数字地球"已成为人类认识自然,利用自然,保护自然的基础和保证。数字地球的构想将极大地促进全球变化的研究,而作为其技术体系核心的GIS,在全球变化研究中会起到什么样的作用?

工欲善其事,必先利其器,GIS是全球变化研究的倚天长剑:GIS具有强大的数据处理功能,它以多种来源的原始数据为原材料,针对不同的用户需求,进行提炼、加工,生产出我们需要的地理信息产品。

GIS的地理信息产品以及围绕这些信息产品的空间操作和空间信息服务,其用途十分广泛,例如:交通、能源、农林、水利、测绘、地矿、环境、航空、国土资源综合利用等等。

第二章
GIS 的基本运转模式

空间信息技术经过发展和演化,催生出一门新的学科——地球信息科学。作为该学科的代表性载体,GIS 的主要职责是空间信息处理:从数据采集、信息处理、空间分析到辅助决策和空间信息的展示。GIS 的作用和特色贯彻空间信息处理的每个环节。

GIS 的基本功能包括:数据获取、显示、处理、存贮、输出等。那么地理信息系统是如何进行信息处理的呢?首先应该了解一下地理信息系统的特点。

地理信息系统以地理信息为管理对象。地理信息具有三个基本特征:空间特征、属性特征和时间特征。其中空间特征描述地理现象的空间位置(经、纬度);属性特征描述地理现象的本质或特征,例如:变量、级别、数量特征和名称等等;时间特征指地理现象随时间的变化情况。空间特征是地理信息的典型标志,因此,作为地理信息的载体,地理信息系统与一般管理信息系统在数据的采集、管理和分析上大相径庭。根据对地理空间数据的应用分析发现,使用地理数据的形式和目的主要表现在(李德仁等,2000):①了解地理现象的状态;②数据处理:数据归并、提取、转换、变换、数据归一化等;③分析多种地理要素之间的相互作用,空间分布和属性相关分析;④基于多要素的空间分析;⑤基于空间信息的决策支持。

下面从数据采集开始,介绍地理信息系统的信息处理思路和方法。

数 据 采 集

数据是 GIS 的基础。图形和图像数据是地理信息系统数据的一个主要来源,分析处理的结果也常用图形的方式来表示。而一般的管理信息系统,则多以统计数据、表格数据为主。这一点也使地理信息系统在硬件和软件上与一般的管理信息系统有所区别。在地理数据用于 GIS 之前,数据必须转换成适当的数字格式。从图纸数据转换成计算机文件的过程叫做数字化。对于大型的项目,现代 GIS 技术可以通过扫描技术来使这个过程全部自动化,对于较小的项目,需要手工数字化(使用数字化桌)。目前,许多地理数据已经是 GIS 兼容的数据格式。这些数据可以从数据提供商那里获得并直接装入 GIS 中。GIS 的主要数据源见表 2.1。

对于不同的数据源,需因地制宜,采用适当的采集方法,将其输入到 GIS 系统中:

● 纸质地图:采用数字化仪或扫描仪,将纸质地图变成矢量的或栅格的数据;数字化仪,又称图数转换器,是一种通过一定量测手段将图形或图像转换成数字信息的装置。常用的数字化设备有:手扶跟踪数字化仪(数字化仪)、扫描数字化仪(扫描仪):它是一种将地图或图像按一定的分辨率转换成栅格格式数据的装置。

表 2.1 GIS 的主要数据源

数据源	数据内容	数据类型
纸质地图	地形图、气象站点分布图等纸质地图	纸质地图
统计数据	以行政单元为基础的人口、社会经济数据；人口普查工业/经济调查数据等	表格、文本
野外调查	地面站点观测数据(地球物理、气象、水文、生态等)以及为完成各项专门任务而开展的地面调查(大地测量控制、地籍测量)	表格、文本
GPS 数据	由全球定位系统 GPS 提供的高精度的空间位置数据(经、纬度和高程)	电子信号
遥 感	用搭载于各种遥感平台的传感器，对地面进行遥感监测，如气象卫星资料、飞机的航拍图等	栅格影像
其它 GIS 数据	其它 GIS 系统提供的空间数据集	矢量/影像

● 表格、文本：手工输入或格式转换，存储为 GIS 的属性数据和语义数据。

● GPS 数据：通过转换，将电子信号转换成空间位置数据，包括地理坐标（如经、纬度）、海拔高程、运动物体的运行速度等。

● 遥感数据：卫星传到地面的信号结果处理，转换成多个波段的影像，不同波段反映地物的不同侧面；GIS 将影像转入后以栅格的形式进行存储，对于影像的每一波段，GIS 以一个数据层进行管理。

数字化

传统的地图多是手工在纸上绘制的，数字化工作就是通过数字化设备，将纸张地图输入到计算机中，转换成 GIS 能够识别的格式，便于以后的统一管理。常用的数字化设备有：手扶跟踪数字化仪和扫描数字化仪。在地图数字化工作开始之前，必须先定义好下列事项：

第二章 GIS 的基本运转模式

- 数字化精度：定义地图的误差不得超过一定的范围。
- 特征选择：在一个个复杂的地图中，区分哪些信息是所需要的，哪些是可以舍弃不管的。
- 特征提取：提取待研究地物的典型特征，例如：湖泊选取其轮廓，航线选择河流的中心线等。
- 完整性：针对所需要的信息，既不重复造成冗余，也不能遗漏重要信息。

手扶跟踪数字化仪（图 2.1）是应用最早的数字化方式，顾名思义，这种方式是以人的手工作业为主。具体方法是把纸张地图贴在数字化板上，将数字化仪与计算机连接起来，启动 GIS 软件的数字化模块（如 ArcInfo 的 ADS 模块）。数字化操作人员用光标沿着地图上的要素进行点图。

图 2.1　手扶跟踪数字化仪

在 GIS 中，一般将地图要素分为点、线、面三种，对于每种要素，采用不同的数字化方法：

（1）点要素：表示点状地物，如气象站、居民点等，在 GIS 中用 X 和 Y 坐标表示其空间位置。

（2）线要素：表示线状地物，如河流、道路等，用数字化光标在它的上面点取若干特征点。

（3）面要素：表示面状地物，如沙漠、农田等，GIS 中用多边形表示。

由于在使用手扶跟踪数字化仪进行数字化时，手工操作繁杂，因此不仅工作量大，而且精度易受人为因素影响。所以必须对操作人员进行培训,规范化操作,尽可能减少误差,减轻后续修补工作量。

另一种相对有效的方法是先用扫描仪(图 2.2)将图面扫瞄进来成为影像文件,然后再将影像文件中的图形、文字辨识出来。首先,必须针对这份彩色影像文件进行用色分析,分析出全图中所使用的颜色。接着,再根据所要抽

图 2.2　扫描仪(明基 7400 UT)

取的图层的特性,将一些可能有关系的颜色留下,接着可针对分色、编辑后的结果,进行二值化处理(将彩色或灰度扫描数据的像元用 1 位即用 0 和 1 表示)。最后借助 GIS 的编辑功能,去除扫描过程中产生的噪声。数字化工作的关键是后续的编辑、整理工作。为此,GIS 软件大多提供了很强大的图形编辑功能和一些图形符号,以方便用户对采集到 GIS 中的草图进行编辑、修缮。

比较来说,手扶跟踪数字化仪效率低,耗费人力,而且采集数据的现势性和精度较低,但对软硬件要求低,工作稳定,因此目前还被普遍采用。扫描仪速度快,人为误差小,但扫描数据量大,增加存储负担,而且后续处理比较复杂和费时。因此在应用时需针对具体情况酌情选择。

数据类型转换

日常工作中,常常用到不同的计算机文档格式,如一篇报告,可以是简单的文本文件格式、微软的 WORD 格式(doc 格式)等,

GIS 对空间数据的管理与之类似。空间数据是对现实世界中空间特征（如地面温度分布）和过程（荒漠化进程）的抽象表达。为了有效管理空间数据，往往根据实际情况选择栅格模型或矢量模型进行存储,这时的空间数据就相应地称为栅格数据（图 2.3a）或矢量数据（图 2.3b）。最典型的栅格数据是卫星、飞机从空中获得的遥感影像，而行政边界、河流、道路等信息常用矢量数据表示。

(a) 栅格数据

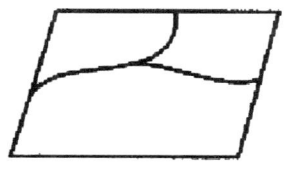
(b) 矢量数据

图 2.3 栅格数据与矢量数据

矢量数据或栅格数据最根本的不同在于空间概念的方式。栅格数据模型采取一个个小方块的形式，像拼图游戏一样，拼装出客观世界；而矢量数据着重的是空间目标的边界，将代理对象抽象为点、线、多边形等。栅格数据适用于大范围海量数据的表达和存储，基于栅格数据的空间运算速度快，易于实现；矢量数据适合于表达抽象地物的相关关系，可进行交通网络分析、最佳路径分析等。

随着 GIS 产业化的深入发展,越来越多的数据资料以不同方式存储着,在实际应用时,经常要将其转为同一种格式,以便综合运算和分析,这就是 GIS 的数据转换问题。矢量结构与网格结构的相互转换,是地理信息系统的基本功能之一,目前已经发展了许多高效的转换算法：

对于点状要素，每个要素仅由一个坐标对表示，其矢量结构和栅格结构的相互转换基本上只是坐标精度变换问题。

矢量格式的线状要素由一系列坐标对表示，在向栅格数据转换时，除把序列中坐标对变为栅格行列坐标外，还需根据栅格精度要求，在坐标点之间插满一系列栅格点，这也容易由两点式直线方程得到。

对于面状要素（多边形），矢量格式向栅格格式转换采用多边形填充的方式，即在矢量表示的多边形边界内部的所有栅格点上赋以相应的多边形编码，从而形成类似栅格数据阵列（图 2.4）。

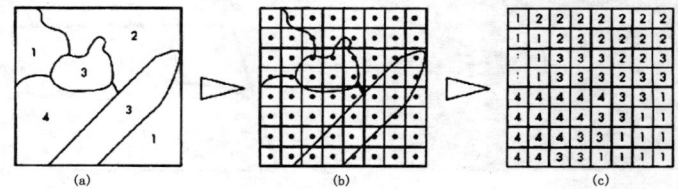

图 2.4　面状要素的矢量—栅格转换（据 Bernhardsen T.，1999）

多边形栅格格式向矢量格式转换就是提取以相同编号的栅格集合表示的多边形区域的边界和边界的拓扑关系，并表示由多个小直线段组成的矢量格式边界线的过程（图 2.5）。

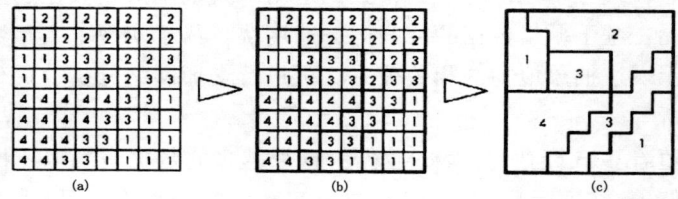

图 2.5　面状要素的栅格—矢量转换（据 Bernhardsen T.，1999）

坐标与投影转换

对一个要素进行定位,必须嵌入到一个空间参照系中,因为 GIS 所描述的是位于地球表面的信息,所以根据地球椭球体建立的地理坐标(经、纬网)可以作为所有要素的参照系统。因为地球是一个不规则的球体,为了能够将其表面的内容显示在平面的显示器或纸面上,必须进行坐标变换。

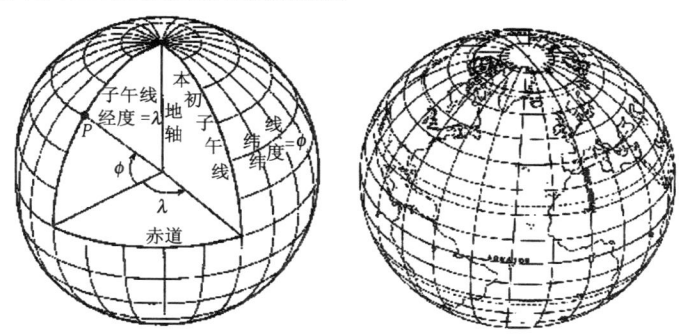

图 2.6 地球的经线和纬线

地面上任一点的位置,通常用经度和纬度来决定。经线和纬线是地球表面上两组正交(相交为 90°)的曲线,这两组正交曲线构成的坐标,称为地理坐标系。

地图投影就是指建立地球表面上的点与投影平面上点之间的一一对应关系。地图投影的基本问题就是利用一定的数学法则把地球表面上的经纬线网表示到平面上。凡是地理信息系统就必然要考虑到地图投影,地图投影的使用保证了空间信息在地域上的联系和完整性,在各类地理信息系统的建立过程中,选择适当的地图投影系统是首先要考虑的问题。地球是一个近似的椭球体,当用二维的平面坐标系来反映三维的地球表面时,就要用特殊的投影方法,以实现三维到二维的转换。

地图投影的种类很多,为了学习和研究的方便,应对其进行分类。按变形性质地图投影可以分为三类:等角投影、等积投影和任意投影;按照构成方法,可以把地图投影分为两大类:几何投影和非几何投影。我国大比例尺地图的投影曾采用过多种方式,如等角圆锥投影(兰勃特投影)(解放前)、等经纬度投影(高斯-克吕格投影)(解放后)等,两种不同地图表达方式效果比较如图 2.7 所示。

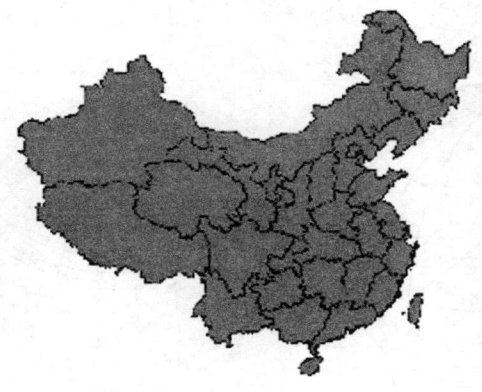

(a) 兰勃特投影

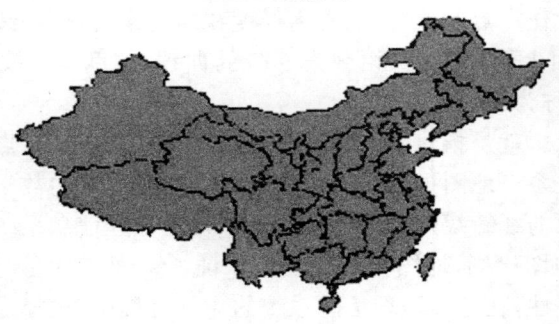

(b) 等经纬度投影

图 2.7 两种不同地图表达方式效果比较
(a 为兰勃特投影;b 为等经纬度投影)

数据质量诊断与控制

GIS 的数据种类繁多,不同的采集方式、转换算法等,都会带来精度上的问题。空间信息的误差来源有多个方面,具体可以总结为表 2.2。

表 2.2　数据的主要误差来源(边馥苓,1996)

数据处理过程	误差来源
数据搜集	野外测量误差:仪器误差、记录误差 遥感数据误差:辐射和几何纠正误差、信息提取误差 地图数据误差:原始数据误差、坐标转换、制图综合及印刷
数据输入	数字化误差:仪器误差、操作误差 不同系统格式转换误差:栅格—矢量转换、三角网—等值线转换
数据存储	数值精度不够 空间精度不够:每个格网点太大、地图最小制图单元太大
数据处理	分类间隔不合理 多层数据叠合引起的误差传播:插值误差、多源数据综合分析误差 比例尺太小引起的误差
数据输出	输出设备不精确引起的误差 输出的媒介不稳定造成的误差
数据使用	对数据所包含的信息的误解 对数据信息使用不当

GIS 中的误差是指 GIS 中数据表示与其现实本身的差别。数据误差的类型可以是随机的,也可以是系统的。归纳起来,数据的误差主要有四大类,即几何误差、属性误差、时间误差和逻辑误差(陈述彭等,2001)。为此,在 GIS 的空间数据采集和建立数据库的过程中,必须严格把关,最大限度杜绝资料错误,减少不精确的要素影响,这就是所谓的空间数据质量诊断和控制。空间数据的质量可从宏观与微观两个方面进行分析。

所谓数据质量的宏观因素,是从数据整体的角度进行判断,一般包括：

（1）数据的完整性：这是从内容上说，即空间数据是否足以支持特定任务？

（2）数据的时效性：或称为数据的现势性，即数据采集时的时间与当前时间之间的间隔长短。

（3）数据的预处理：数据的收集、转换、处理等是否规范、合理。

数据质量的微观因素针对的是各个数据元素本身，包括：

（1）定位精度：空间位置的精确程度，指的是一个地物在地理数据库中的位置以及实际位置之间的差异情形。

（2）属性的精确度：如对于某一气象站，各时间的观测值是否准确；

（3）逻辑的一致性：所谓逻辑的一致性，是指各个数据元素间，彼此逻辑关连性是否正确。例如：航道应该位于河流的中央等。

（4）空间分辨率：系统能够识别、显示的最小单元的大小。

信息处理

GIS 的奠基人之一 Goodchild 曾经说过："地理信息系统真正的功能在于它利用空间分析技术，对空间数据的分析"。为了使各种空间资料能够在统一的格式和坐标体系上进行运算，首先要对空间资料进行处理。对于图形数据信息处理的方式因数据类型而异，如对于非空间的属性数据，如气象观测数据形成的表格的增加、删除、修改等基本操作，可以用大型的商业数据库（如 Oracle，SQL Sever 等）来实现；对于图形数据，计算机辅助制图技术可以胜任（如 AutoCAD）。GIS 的处理对象是同时具有空间特征、属性特征和时间特征的空间数据，三者紧密结合在一起，形成对地物的描述,对其中一类数据的操作势必影响到与之相关的另一类数据,一般数据库和CAD技术已不能满足这一要求。GIS借鉴了传统方法的优点,对空间数据的操作提供了对地理数据有效管理的手段。另一方面,全球变化研究是一项庞大的系统工程,不同信息源、不同比例尺及不同的投影方式、不规则分幅的空间数据,要在GIS系统中复合显示、叠加查询和综合分析。GIS具有对空间数据的投影转换、空间内插、多源信息融合等功能,能够很好地解决空间数据的一致性匹配问题。

定性、定量、定位

人们对客观世界的描述方式有定性、定量、定位等。定性反映了人们对地理现象最直观的意向,如"某地雨下得很大"、"今年夏天很热"等,它是对地理现象属性特征的初步概括。如果要进行更进一步的分析,仅仅是定性描述就显得不够了,还应当进行细致的"量化",如气象站观测到的数据:"某年某月某日,降雨量200mm"、"2002年7月中旬,某地平均气温28℃"等。进行全球变化研究的要求层次更高:我们必须掌握全球范围的陆地-大气-海洋的状态和交互特征,因此,准确的空间定位信息也必不可少。

在空间信息技术支持下,从定性、定量、定位,到三者的结合,反映了人类认识客观世界能力和水平的飞跃。全球定位系统(GPS)、地理信息系统(GIS)和遥感(RS)相辅相成,各有特色和分工:

GPS通过GPS卫星群,获取地面目标的精准的定位信息。GPS作为一种全新的现代定位方法,已逐渐在越来越多的领域取代了常规光学和电子仪器。20世纪80年代以来,尤其是20世纪90年代以来,GPS卫星定位和导航技术与现代通信技术相结合,在空间定位技术方面引起了革命性的变化。用GPS同时测定三维坐标的方法将测绘定位技术从陆地和近海扩展到整个海洋和外层空间,从静态扩展到动态,从单点定位扩展到局部与广域差分,从事后处理扩展到实时(准实时)定位与导航,绝对和相对精度扩展到米级、厘米级乃至亚毫米级,从而大大拓宽它的应用范围和在各行各业中的作用。

遥感从高空对全球的云、资源环境、气候、生态等信息进行连续观测。适用于大面积陆地表面资源调查的卫星资料信息源有好几种,如高空间分辨率的美国 Landsat TM,MSS 数据以及法国的 SPOT 资料(图 2.8)等,其局限性在于时间分辨率低,如 TM 资料,对同一地区重复观测一次需要 16 天。

图 2.8　北京官厅水库 SPOT 卫星影像图
(2000 年 9 月 16 日,全色波段,空间分辨率 10m)

在气象方面,有专门的气象卫星。自 20 世纪 70 年代末、80 年代初美国 TIROS-N/NOAA 系列极轨业务气象卫星投入运行以来,由于其快速、宏观、动态、低成本和相对丰富的多光谱数字信息的特点,气象卫星在气象之外的环境遥感领域中的应用得到了很大的发展。在我国,运用气象卫星在非气象领域中的遥感应用工作始于20世纪80年代中期,采用多时相准同步AVHRR数据,对我国东部植被季相动态规律进行了系统研究,同时也探讨了AVHRR数据的植被指数构成,并对黄淮海平原冬小麦长势进行了评价;随后在国家经委的支持下,以中国气象局为主,组织开展了北方10省市冬小麦估产试验。NOAA AVHRR 具有可见光到热红外的5个波段,由可见光波段(CH_1)与近红外波段(CH_2)测得的地面反射率可以估算地面吸收的太阳能量,表征植被生长状况;热红外波段(CH_4 和 CH_5)可以评价地面吸收的太阳能量中显热和潜热所占的比例,而潜热反映了水分的蒸散。各波段的基本情况见表2.3。

表 2.3 NOAA AVHRR 的波段信息和应用

光谱通道	波段范围(μm)	主要应用领域
CH_1	0.58~0.68	白天的云、雪、海水和地表图像
CH_2	0.725~1.1	水体边界、植被覆盖、冰雪融化
CH_3	3.55~3.93	海面温度、高温热源、夜晚云图
CH_4	10.3~11.3	海面温度、白天和夜晚云图、土壤温度
CH_5	11.5~12.5	海面温度、白天和夜晚云图、土壤温度

GIS 则是空间信息的汇集地和加工厂。空间数据描述的是现实世界各种现象的三大基本特征:空间、时间和专题特征。空间特征指空间物体的位置、形状和大小等几何特征以及与相邻物体的拓扑关系。人类对空间目标的定位一般不是通过记忆其空间坐标,而是确定某一目标与其它更熟悉的目标间的空间位置关系,即拓扑关系。空间数据总是在某一特定时间或时间段内采集得到或计算产生的,反映的是地物或地理现象某一时刻的特性;属性特征指的是除了时间和空间特征以外的空间现象的其它特征。如地形的坡度、坡向、某地的年降雨量、土地酸碱度、土地覆盖类型、人口密度、交通流量、空气污染程度等。

GIS 将地理要素的空间分布分为三种基本类型:

点状分布:如居民点、工业基地、城市、商店、医院、学校等,都采用点状分布的形式。

线状分布：如河流、道路交通、输油输气管、台风路径等。

区域分布：如温度、雨量、人口等等。在图上往往可以划出等值线，如温度、雨量、人口密度等值线等。地形也可以理解为连续区域分布，它的等值线就是等高线。

站点观测数据的空间化

气象观测数据是进行气象研究的第一手宝贵资料，特别是多年来逐日甚至是以小时为间隔的观测，是对气候现象的连续跟踪，是气候变化最直接的证据。

气象观测数据时间跨度大、覆盖范围广，数据量往往很大，而且相互之间相关性强。要对其进行综合分析，一般的统计分析软件都难以胜任，造成这些数据不能充分利用；各种气象指标（如温度、降水）都与地理位置、海拔高度密切相关，具有明显的空间分布特性。气象观测点数据若能与空间分析技术相结合，使站点数据脱胎换骨，在气象气候研究中将发挥更大的作用。GIS 集数据库管理、空间数据操作与分析、计算机制图功能于一体，可以进行如空间插值、数字图像处理、多变量综合分类等较为复杂的数据分析操作。对多时相多站点的气象观测资料进行时间序列分析和气候区域划分，GIS 都具有一般统计分析软件无法比拟的优势。

气象要素（如气温）在空间上是连续分布的。然而气象观测站的数目有限，为了从有限的点源数据推测覆盖全球的气象要素分布场，必须进行空间插值处理：利用在这些站点的观测资料，对原始数据进行格网化插值，格网化是指采用一定的格网化方法（即数学模型）对不规则分布的原始数据点进行插值，生成在原始数据分布范围内规则间距的数据点分布。通过空间插值得到的栅格数据，在一定精度上，可以客观地反映气象指标（如气温、降水）在相应月份的空间分布。比初始观测数据更直观、更全面。

最直接的空间插值方法是数值法插值。插值方法包括多项式拟合、距离倒数加权法、谢别德法、最小曲率法和三角剖分法等。

多项式拟合：在只了解有限个空间点的属性值，即样点为离散有限的情况下，求整个区域的空间分布的模型，拟合模型利用最小二乘原则，找到一个与离散已知点最接近的由多项式表示的 S 阶抽象趋势面，再根据这个拟合多项式计算全区各空间点的值，得到分布图。使用多项式拟合时要涉及到曲面定义和指定 X、Y 的最高方次设置，曲面定义是选择所采用数据的多项式类型，这些类型分别是简单平面、双线性鞍、二次曲面、三次曲面和用户定义的多项式。参数设置是指定多项式方程中 X 和 Y 组元的最高方次。

距离倒数加权法：距离倒数乘方格网化方法是一个加权平均插值法，可以进行确切的或者圆滑的方式插值。较近的数据点被给定一个较高的权重份额，对于一个较小的方次，权重比较均匀地分配给各数据点。样点对目标点 P 的影响是随距离的 k 次方衰减的：

$$Z_P = \sum_{i=1}^{n}(Z_i/d_{ip}^k) / \sum_{i=1}^{n}(1/d_{ip}^k)$$

式中 n 为已知点个数；Z_i 为第 i 个已知点的值；d_{ip} 为第 i 个已知点到目标点 P 的距离；k 为衰减阶数。

谢别德法：谢别德法使用距离倒数加权的最小二乘方的方法。因此，它与距离倒数乘方插值器相似，但它利用了局部最小二乘方来消除或减少所生成等值线的异常，达到更好的圆滑的效果。

最小曲率法：用最小曲率法生成的插值面类似于一个通过各个数据值的，具有最小弯曲量的长条形薄弹性片。最小曲率法试图在尽可能严格地尊重数据的同时，生成尽可能圆滑的曲面。使用最小曲率法时要涉及到两个参数：最大残差参数和最大循环次数参数来控制最小曲率的收敛标准。

三角剖分法：三角剖分法是一种严密的插值方法，它的工作路线与手工绘制等值线相近。这种方法是通过在数据点之间连线以建立起若干个三角形来工作的。原始数据点的连结方法是:所有三角形的边都不能与另外的三角形相交。其结果构成了一张覆盖格网范围的、由三角形拼接起来的网。

在气象领域实际应用时,可以对多年气象观测月平均气温和月降水量资料进行空间插值,形成多年月平均气温与月降水量的空间数据系列;进而运用 GIS 空间分析技术对该时间序列进行叠加分析、主成分分析等。图 2.9 给出了我国西部新疆、西藏、青海三省区空间插值样本点分布情况,图 2.10 是根据各样本点的气象资料(空气密度、风速),计算的风能功能密度(风能功能密度:$w=\frac{1}{2}\rho V^3$,ρ 为空气密度;V 为风速)的空间分布等值线。

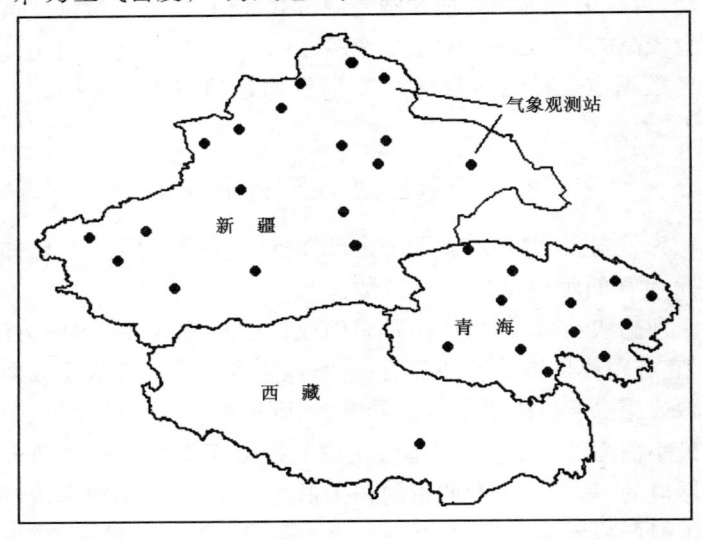

图 2.9　我国西部新疆、西藏、青海三省区空间插值
样本点分布情况示意图

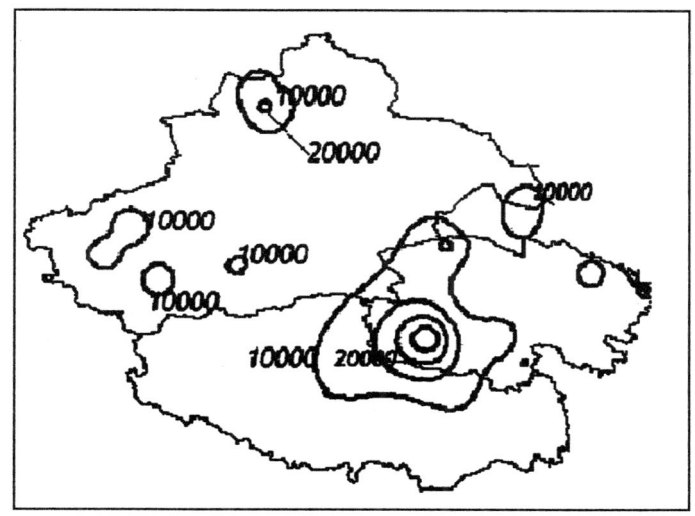

图 2.10 运用插值法得出的我国西部新疆、
西藏、青海三省区风能功能密度的空间分布

数值插值方法在气象领域已得到广泛的应用。在实践中往往会遇到一些问题：一是数值插值方法要求气象站点的分布必须有很强的代表性；二是无法考虑地形、其它要素等的综合影响，因而影响了插值的结果，特别是在一些气象站点很少的边远地区，插值精度往往难以保证。

空间信息技术带来了一种新的点源数据空间化思路：基于遥感影像的光谱值，在 GIS 多源模型支持下，进行"遥感光谱加权插值"。下面以降雨量估算为例进行说明。

降雨量是最难以预报的变量，因为它涉及微观与宏观物理过程，不仅与大尺度气候系统密切相关，而且与小尺度天气系统也密切相关，它受到大气热力学条件和局部地形的双重影响。降雨量又是至关重要的气象变量，因为它不但对农业生产乃至国民经济的发展具有深远的影响，而且对气候变化特别是季风研究具有非同寻常的意义。迄今为止,世界上仍有许多地方(如山区、高原和海上)或气象台站稀少或根本没有直接的降雨量观测资料。然而,这些地区可能对气候变化的研究具有重要意义。长达数十年的数值天气预报数据似乎可用以弥补实测资料之不足,但是常规的方法无法直接从天气预报数据中检测气候变化的信息。

基于遥感影像的降雨量自动制图基本思路是:对遥感获得的冷云的持续期(图2.11)与实际降雨量进行回归分析,建立遥感影像值与实际降雨量之间的相关关系。该方法仅适用于热对流降雨系统,主要是赤道和干旱地区,在温带地区,必须同时考虑非对流降雨。为了适应低空、非对流云系统降雨的需要,还必须引入多种云层信息。

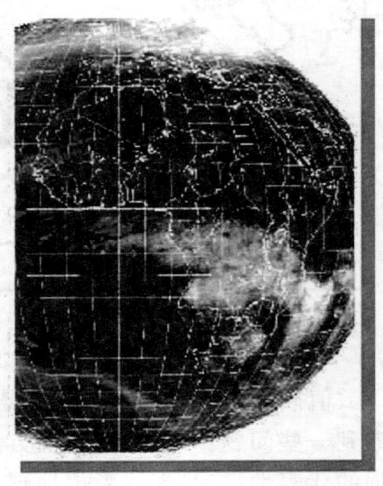

图 2.11 云生存期图

首先,根据 GMS 卫星影像数据的特征,结合气象观测经验值,将云层划分为 5 种类型,表 2.4 给出了云层分类及阈值(江东等,2002):

表 2.4 云层分类及阈值

云层类型	红外光谱值	温度范围(K)	云层高度(km)
冷云	<45	<226	>10.8
高云	45~60	226~240	8.5~10.8
中高云	60~90	240~260	5.2~8.5
中低云	90~120	260~280	2.2~5.2
低云	>120	>280	<2.2

其次，对每小时的 GMS 数据进行云层划分，统计各类云的持续时间，累加成旬度值，与地面站点的实际观测值进行多元回归，建立云量—雨量初步关系：

$$P = \sum_{i=1}^{5}(a_i \times CD_i) + b$$

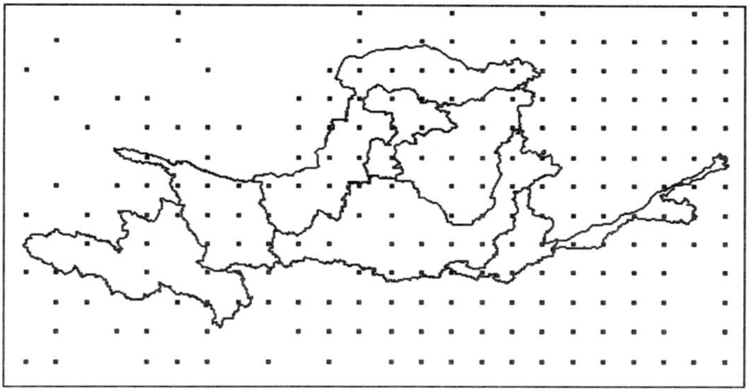

图 2.12　黄河流域的 GTS 雨量站分布（单位：mm）

其中，CD_i 为一旬中第 i 云层的持续期；a_i 为回归系数；b 为常数项。然后推算地理尺度因子，即雨量站实际降雨量（$P_{实际}$）与估计降雨量（$P_{估计}$）之比：

$$S_j = P_{实际}/P_{估计}$$

根据加权转换距离方法，可以推出以像元为单位的各 GTS 雨量站间的尺度因子（S）。最后，将估计降雨量乘以地理尺度因子（S），即可得到区域降雨量（图 2.13）。

地理编码

地理编码是针对非空间的语义数据的处理。语义数据又称为非几何数据，包括定性数据和定量数据。定性数据用来描述要素的分类或对要素进行标名。定量数据是说明要素的性质、特征或强度

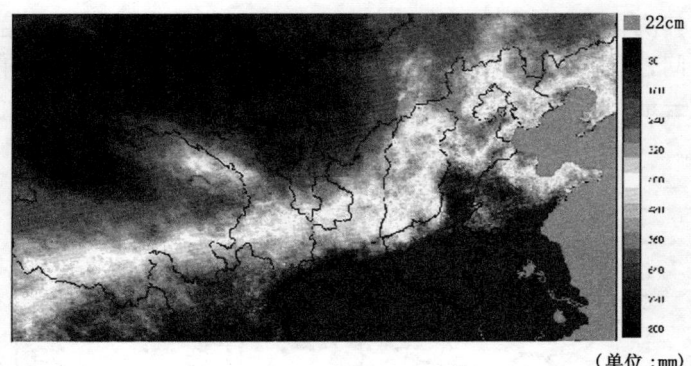

（单位：mm）

图 2.13　黄河流域的降雨量计算结果（2000 年）

的，例如：距离、面积、人口、产量、收入、流速以及温度和高程等。

地理编码实际上就是对地理信息的分门别类，只有将地理信息按照一定的规律和原则进行分类和编码，以科学的分类分级系统为基础，对地理环境中各基本实体及其联系进行编码，以便惟一地对某一系统中所有地图要素进行识别和存储，以符合人们思维习惯的方式，按类别和代码进行管理（检索、查询）。一般来说，编码的一些基本要求包括：

类别：如地名，实体类型及等级等。

特征：每一要素可具有与其有联系的、大量的属性值，它承载关于要素特征的信息。

作用范围的描述：如一个区域的土壤类型。

地理定义：在某些情况下编码可以是一个实体集合的间接参考，而集合中的每一个实体也会被它自身的地理代码所说明，如水系、地质层的编码。

地理编码包括两个步骤：

（1）地理信息的分类，即按照属性特征的不同，将地理信息划分为不同的种类，它是地理编码的基础；不同国家、不同地区所采用的分类标准不尽相同,例如:按照我国国土资源部1999年发布的土地利用分类标准,将土地利用类型分为8大类:耕地、园地、林地、牧草地、居民点及工矿用地、交通用地、水域及未利用土地。各类型的说明见表2.5。

表 2.5 土地资源分类系统(一级类型)

名称	含义
耕地	种植农作物的土地,包括新开荒地、休闲地、轮歇地、草田轮作地;以种植农作物为主间有零星果树、桑树或其它树木的土地;耕种3年以上的滩地和海涂。耕地中包括南方宽<1.0m,北方宽<2.0m的沟、渠、路、田埂
园地	种植以采集果、叶、根茎等为主的集约经营的多年生木本和草本作物,覆盖度>50%,或每亩株数大于合理株数70%的土地,包括果树苗圃等用地
林地	生长乔木、竹类、灌木、沿海红树等林木的土地,不包括居民绿化用地,以及铁路、公路、河流、沟渠的护路、护岸林
草地	生长草本植物为主,用于畜牧业的土地
居民点及工矿用地	指城乡居民点、独立居民点以及居民点以外的工矿、国防、名胜古迹等企事业单位用地,包括其内部交通、绿化用地
交通用地	居民点以外的各种道路及其附属设施和民用机场用地,包括护路林
水域	指陆地水域和水利设施用地,不包括滞洪区和垦殖3年以上的滩地、海涂中的耕地、林地、居民点、道路等
未利用地	目前还未利用的土地,包括难利用的土地

(2)地理编码:将信息分类的结果用符号体系(代码)的形式来表达,如:

土地利用类型	代码
耕地	1
灌溉水田	11
望天田	12
水浇地	13
旱地	14
菜地	15
园地	2

果园	21
桑园	22
茶园	23
橡胶园	24
其他园地	25
……	

可以将图像融合分为三个层次：像元级融合、特征级融合、分类（决策）级融合。

空间分析

GIS 的空间分析是分析空间数据的技术的通称，是以地物的空间位置红外形态特征为基础，通过空间数据运算、空间数据与属性数据的综合运算等，提取、产生新的空间信息。GIS 提供的空间分析功能，用户可以从已知的地理数据中得出隐含的重要结论，这对于许多应用领域是至关重要的。地理信息系统最重要的特点之一就是广泛的空间数据综合分析和模型模拟能力，它能够对具有地理坐标的空间信息进行拓扑分析和计算，对空间的和非空间的属性进行综合分析处理，并能对各类信息作出种种统计分析，从而提供了极为丰富的综合评估和提取有用信息的手段。从空间信息的特征上区分，可以归纳为：

● 空间图形数据的拓扑运算。
● 非空间属性的数据运算。
● 空间和非空间属性的联合运算等。

GIS 的空间分析包括：空间数据查询和属性分析，多边形的重新分类、边界消除与合并，点线、点与多边形、线与多边形、多边形与多边形的叠加，缓冲区分析，网络分析，面运算，目标集统计分析等。空间分析赖以进行的基础是地理空间数据库，其运用的手段包括各种几何的逻辑运算、数理统计分析、代数运算等数学手段，最终目的是解决人们所涉及到的地理空间的实际问题,提取和传输地理空间信息,特别是隐含信息,以辅助决策。

配准:统一的地理坐标系统

统一的地理坐标系统是空间信息进行相互运算的前提,这部分工作在 GIS 中称为空间数据的配准。GIS 软件都提供了地理投影变换工具,将所有的空间数据经过投影变化,转化到统一的投影方式和地理坐标系统上。例如:我们希望将黄河流域的边界图叠加到黄河二级流域二级河流分布图上,以便进行分析,但是边界图是兰勃特投影(图 2.14),而河流分布图为等经、纬度地理坐标(图 2.15),因此,选择将边界图转换为与河流图一致的坐标系统。在 GIS 中分以下几步进行转换:

● 确定待校图层。
● 选择图层现有投影类型(若 GIS 中已识别出此信息,此步可以忽略)。
● 选择地球椭球体参数。
● 设置期望的投影类型、地球椭球体参数。
● 执行转换。

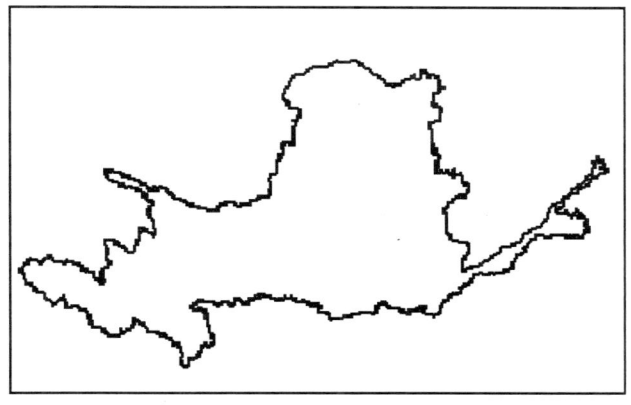

图 2.14 黄河流域的边界图

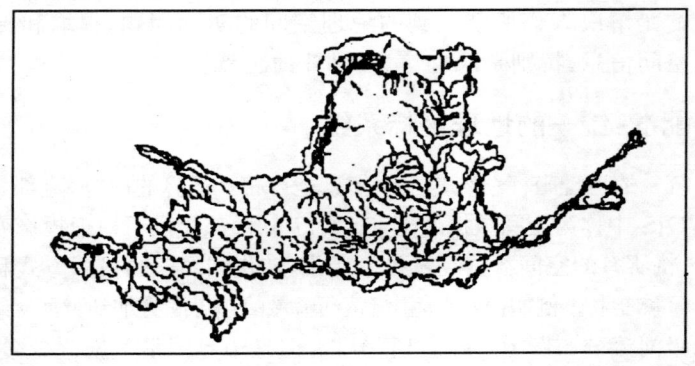

图 2.15 黄河流域的边界与河流分布

基本图形运算

在气象工作中经常会涉及到地图的量算,如两个气象站之间的距离是多少?、洪水淹没范围的面积有多大等等,GIS 提供了丰富的地图预算功能,包括基本的空间量算、地物之间的相互关系等。

● 空间量算主要包括:

坐标查询:点状地物的位置确定。

长度量算:测量线状物体的长度,如线的长度、多边形的周长等。

面积量算:用于测量多边形的面积。

体积和表面积量算:用于三维地物的度量。如果 Z 轴代表的不是高程,而是其它量(如平均降水量、人口密度等),则计算出的体积就是该面积内的降水总量、人口总量等。

GIS 软件一般都将这些基本功能封装起来,用户不需了解其中的实现算法,只要点击鼠标(或相应的功能菜单)即可。图 2.16 是在我国省界图上对山东省界的量算结果:图上左测的数据表中给出山东省的面积、周长等信息。

● 空间位置关系分析

第二章 GIS 的基本运转模式 · 39

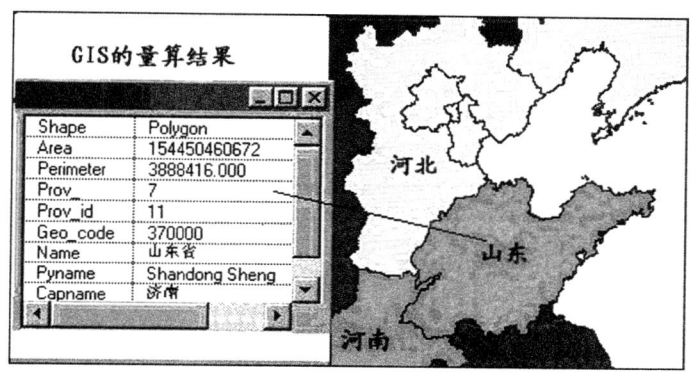

图 2.16 GIS 空间量算示意图

空间位置关系指的是点、线、面等空间要素之间的关系,表 2.6 给出了常用的几种关系类型。

表 2.6 常用的空间位置关系类型

位置关系	点	线	面
点	位置是否重叠		
线	点是否在线上	相交(角度、交点位置、是否垂直相交等)、平行、重叠等	
面	分为点在面外、点在面内、点在面的边上	相切、相割、包含、共边、共点等	重合、相交、包含、共边、共点等

多要素叠加分析

GIS 系统中不同种类的图形往往分层存储,如电力 GIS 系统中的电力线路、电杆、变压器等都分成不同的图层来存放。将不同种类的图层叠加起来显示,常常能得到更加丰富的空间信息。GIS 的叠加功能可形象地理解为计算机化的透图台,是气候分区和评价用得最多的空间分析功能。当然,这种透图台的功能比传统透图台的功能要强大得多。所有 GIS 软件都提供空间叠加分析的功能,可非常容易地实现图形叠置,而且由于叠加分析的中间结果可根据用户的需要进行保存,因此原则上可实现无限制的叠置,可方便地对更多的因素或条件进行研究,减少盲目性。计算机化的透图台的优越性还表现在对多种信息不是简单的叠加,还可通过综合分析的方法反映信息之间的关系。GIS 的多要素叠加分析示意图如图 2.17 所示。

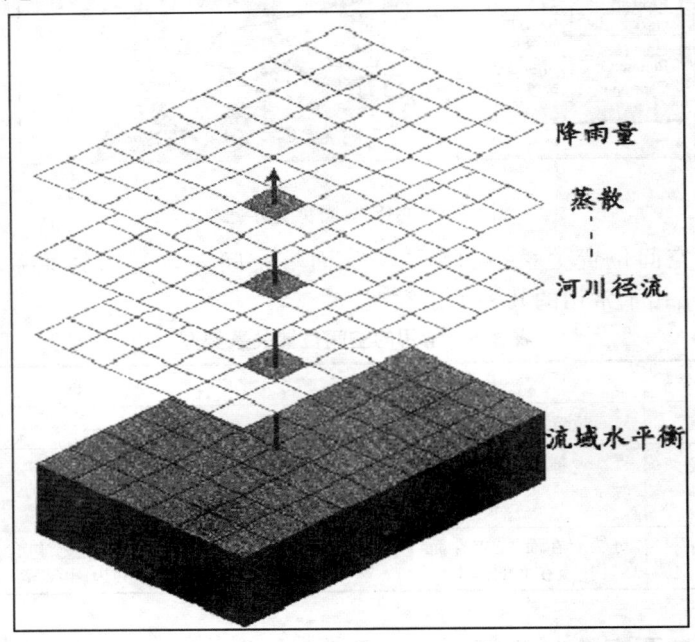

图 2.17　GIS 的多要素叠加分析示意图
(引自 Chrisman N,2002)

　　GIS 通过对空间信息的叠加分析可获得许多有价值的相关属性信息,使原本单一特征的生态要素之间有了相互关联。GIS 的多要素叠加分析包括很多种:区域对区域叠加分析、线对区域叠加分析、点对区域叠加分析、点对线叠加分析等等。

　　在气候变化研究中,多要素叠加分析包含两个层次:一是同一时间段不同气象要素之间的叠加,常用于气候状况的综合评价或是气候分区;另一个层次是同一地区不同时间序列数据之间的叠加分析,往往用于气候变化监测。

地理信息系统叠加分析可以分为以下几类:基于矢量数据的叠加(点与多边形叠加、线与多边形叠加、多边形与多边形叠加)和栅格图层叠加。

● 矢量数据的叠加

图 2.18 是基于矢量数据的叠加——点与多边形叠加的例子。叠加产生一个新数据层面的操作,其结果综合了原来两层或多层要素所具有的属性。

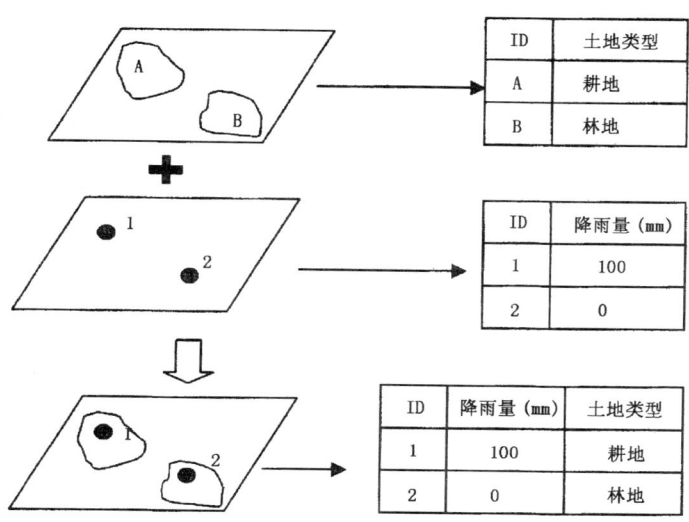

图 2.18 点与多边形叠加

图 2.19 是基于矢量数据的叠加——多边形与多边形叠加的例子。

● 栅格图层叠加

栅格图层的叠加运算相对简洁。在 GIS 中,你可以把一个栅格图层看成是一个变量,两个图层之间可以进行加、减、乘、除四则运算、逻

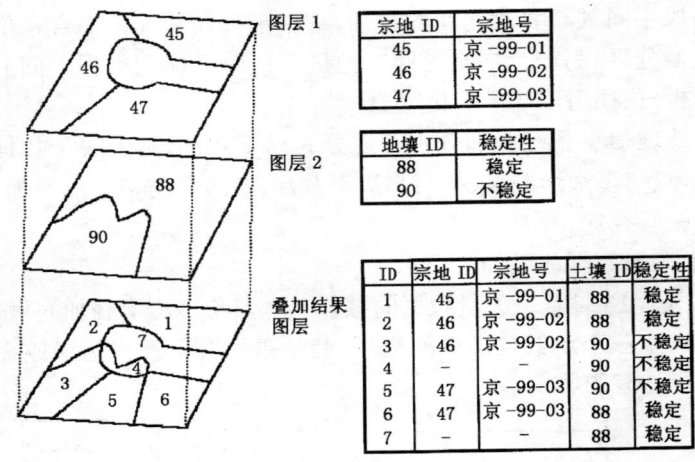

图 2.19 多边形叠加分析(邬伦,2000)

辑运算,或是进行更复杂一些的数学计算。例如:已知下面两类数据:

居民点面积信息:

  陕西省城镇居民点(图层 A)

  农村居民点(图层 B)

人口密度信息:

  陕西省城镇居民点人口密度(图层 C)

  农村居民点人口密度(图层 D)

要想得到陕西省人口分布图(人口数),在 GIS 里可以按以下步骤进行:

(1) 配准:将居民点面积图层 A 和 B 与人口密度图层统一到相同的坐标系统和投影方式上。

(2) 计算分类人口数:分别计算城镇人口(图 2.20)和农村人口(图 2.21)。

  城镇人口＝城镇居民点面积(A)×城镇居民点人口密度(C)

  农村人口＝农村居民点面积(B)×农村居民点人口密度(D)

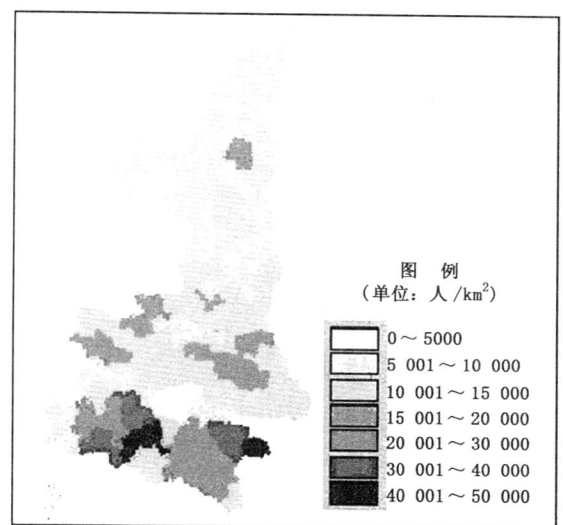

图 2.20　陕西省城镇居民点人口

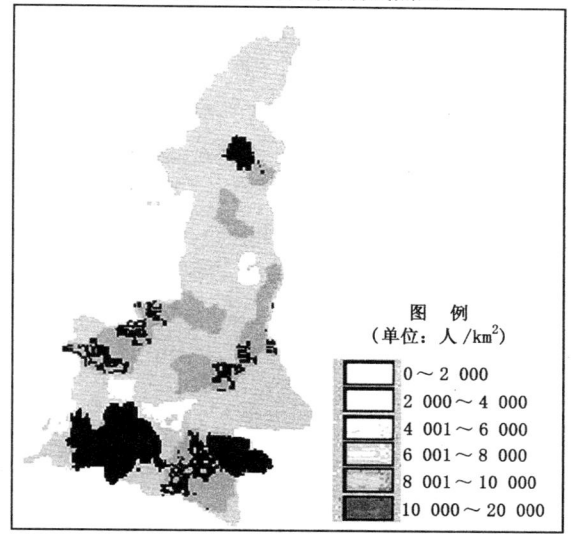

图 2.21　陕西省农村居民点人口

(3) 计算总人口数(图 2.22):
总人口=城镇人口+农村人口

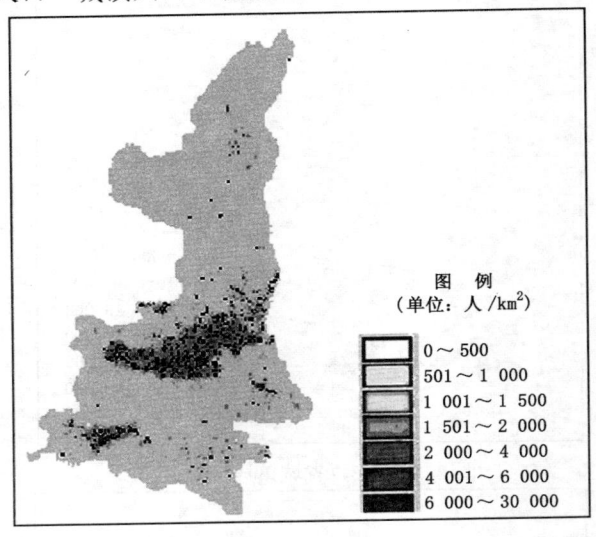

图 2.22 陕西省人口分布图

缓冲区分析

在 GIS 中,所谓缓冲区(又称邻域),是指围绕地理对象一定宽度的区域,常用于分析地理对象的影响范围,如一个化工厂排放废气的污染范围或服务范围,洪涝灾害的淹没区;缓冲区也可以是地理现象的服务范围,如河流的灌溉范围、电力线路的供电范围、超市、医院的服务范围等。

缓冲区分析是通过计算在点、线、多边形实体周围自动形成满足一定距离要求的区域,通常用于确定影响范围,是气候评价应用比较多的另一个空间分析功能。GIS 软件对点、线、面等地理要素均可进行缓冲区分析:

● 点要素缓冲区分析

点要素缓冲区分析方法一般是以目标点为圆心,以一定的长度为半径、画圆,圆内部分即为该点的缓冲区(图2.23)。

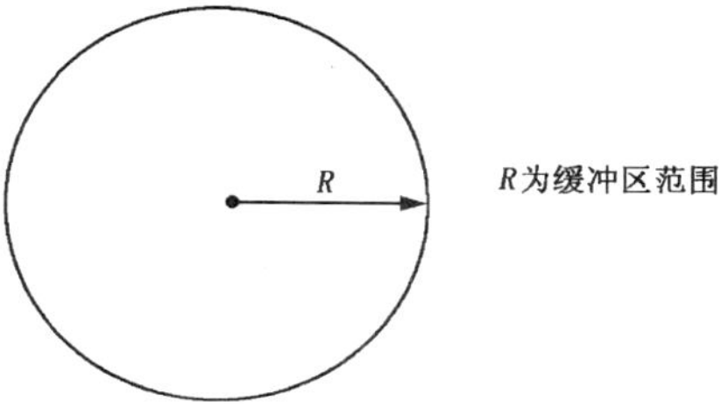

点要素缓冲区分析可用于表示气象站点观测值的覆盖范围、点源污染的扩散区域与途径等。

图 2.23 点要素缓冲区分析示意图

● 线要素缓冲区分析

线要素缓冲区一般取线状地物两侧一定宽度的区域。在线段的两个端点,以端点为圆心,以一定的长度为半径画圆,形成如图 2.24 所示的区域。

线要素缓冲区分析可用于确定河流两侧的堤护带、道

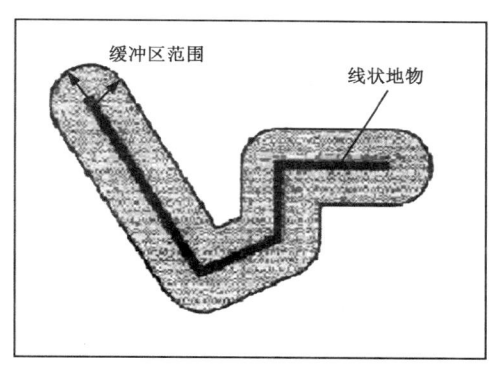

图 2.24 线要素缓冲区分析示意图

路交通对区域经济发展的影响分析等。缓冲区的范围可以根据现状地物的属性特征确定,表示不同的分级特性。例如:在做公路的缓冲区分析时,可以先将公路分为国道、省道、县级公路等不同的级别,赋予不同的缓冲区宽度值。

● 多边形缓冲区分析

多边形缓冲区一般取多边形边界外侧或内侧一定宽度的范围,形成如图 2.25 所示的区域。

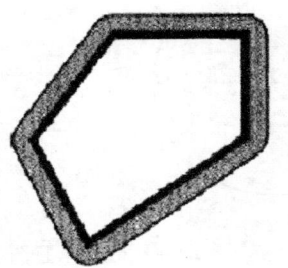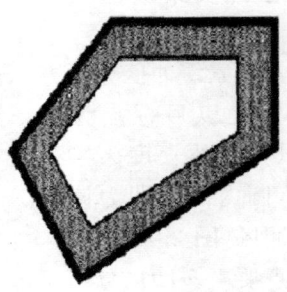

图 2.25 多边形要素缓冲区分析示意图
(引自 Chrisman N,2002)

多边形缓冲区分析可用于研究湖泊丰水期、枯水期的水位变化情况和湖泊保护区的界定等等。

地理统计

地理统计又称空间统计,是对一定区域内的地理要素的数量、种类等情况进行汇总,反映地理要素的空间分布情况。与常规统计方法不同的是,它不仅考虑研究对象的属性统计特征,同时反映研究对象的空间分布特征(二维分布、三维上的起伏变化等)。地理统计包括常规统计分析、回归分析、趋势面分析等(邬伦等,2001)。

● 常规统计分析

常规统计分析用于计算在一定地理范围之内,地理要素属性特征的一些典型的统计参数,如求和、最大值、最小值、平均值、中值、标准差、方差、频率等。

例如:有一份华北地区 2000 年降雨量分布图,为栅格数据,以一个地理网格代表地面 5km×5km 的区域。现在想得到黄河流域各二级流域 2000 年降雨量,可以综合运用 GIS 的叠加和统计功能,将黄河流域二级分区边界图叠加到华北降雨量图上,GIS 自动对各二级流域内的降雨量进行统计,汇总成数据表(图 2.26)。

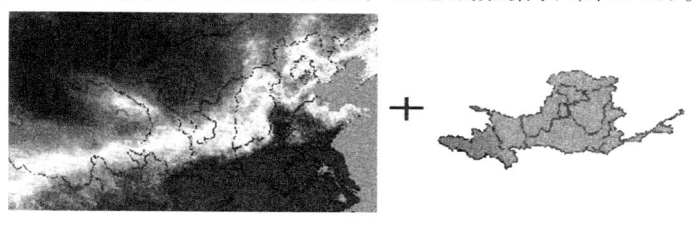

流域名称	反演结果		公报结果		公报－反演		反演/公报
	mm	亿 m^3	mm	亿 m^3	mm	亿 m^3	(%)
黄河流域	340.8	2719.0	381.8	3016.2	41.0	321.0	90.2
河源－龙羊峡	388.6	511.7	413.2	544.0	24.6	32.3	94.1
龙羊峡－兰州	382.4	356.6	412.6	384.8	30.4	28.2	92.7
兰州－河口镇	176.0	283.3	182.9	294.5	6.3	11.2	96.2
河口镇－龙门	312.1	349.8	338.9	379.8	26.7	30.0	92.1
龙门－三门峡	405.2	770.8	478.6	910.5	73.4	139.7	84.7
三门峡－花园口	592.1	245.9	657.1	272.9	65.0	27.0	90.1
花园口以下	580.1	131.1	681.5	154.0	101.4	22.9	85.1
鄂尔多斯内流区	152.7	69.8	165.6	75.7	12.9	5.9	92.2

图 2.26 基于 GIS 的黄河流域降雨量空间统计

将图形的统计结果与 2000 年《黄河水资源公报》数据进行对比,可以分析空间数据的精度和误差来源,对降雨模型的结构和算法进行校正。

● 回归分析

地理系统是由各种地理要素组成的。各要素之间存在着相互联系、相互影响和相互制约,为了定量地研究它们之间的数量关系,常用相关分析法和回归分析法来确定它们之间的关系和性质,并概括成数学模型,进而作出地理预测。用于识别两个地理要素之间或多个要素之间的相关关系。对于采集的多样本数据,一般采用最小二乘法确定回归参数。根据回归函数关系式的不同,可以分为线性回归、指数回归、对数回归等。图 2.27 表示的是河南省冬小麦单位面积产量与遥感获得的植被指数($NDVI$)之间的相关关系(分别用线性、三次多项式、指数函数进行回归分析)。

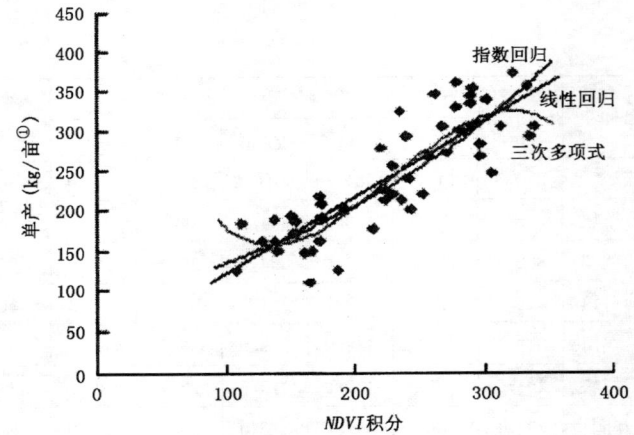

图 2.27 河南省冬小麦单产与植被指数($NDVI$)之间的相关关系

其回归分析的结果见表 2.7。

表 2.7 河南省冬小麦产量—$NDVI$ 关系拟合

函数名称	函数表达式	回归参数	R^2
线性函数	$y=a+bx$	$a=0.995, b=25.997$	0.7316
三次多项式	$y=ax^3+bx^2+cx+d$	$a=-5\times10^{-5}, b=0.04,$ $c=-6.78, d=553.96$	0.7341
指数	$y=a \cdot e^{bx}$	$a=90.21, b=0.004$	0.7255

---

① 1 亩 = 666.6m², 下同。

● 趋势面分析

地理系统最重要的特征之一是它具有趋势性。趋势面是一种光滑的数学曲面,它能集中代表地理数据在大范围内的空间变化趋势,是实际曲面的一种近似值。趋势面分析是应用数理统计学中的回归分析原理,将地理变量(特征)区分为趋势性分量和局部性分量等,从而研究地理变量(特征)的空间分布和变化规律的一种数学方法。

通常选用多项式作为趋势面方程,这是因为任何函数在一定范围内总可以用多项式来逼近,并通过调整多项式的次数来满足趋势面分析的需要。多项式趋势面分析可以按多项式函数中自变量的个数分为:一维、二维和三维趋势面分析等;每一种又按多项式的次数分为一次、二次、三次和四次等趋势面(图 2.28)。

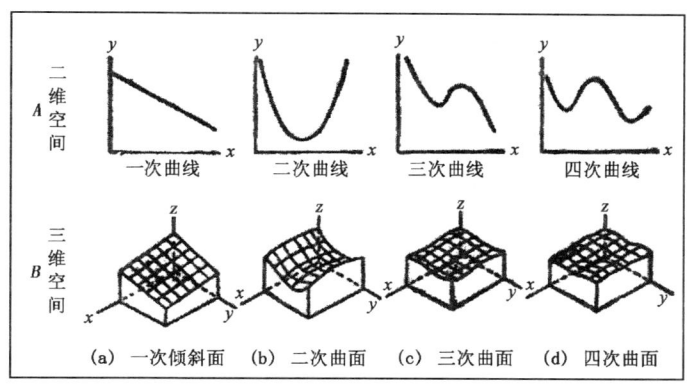

图 2.28 GIS 的趋势面图(毛善君,2001)

网络分析

GIS 系统中的网络指的是一组内部相互连通的线段,代表承载物流的地理载体,如公路、铁路、水流、电力线路、输油管道等。GIS 的网络常常用来表现现实社会中的各种物质、能量和信息流的通道,在 GIS 系统中表现为由节点和节点之间的链所组成的网状结构。

网络分析是空间分析的一个重要方面,是依据网络拓扑关系(线性实体之间、线性实体与结点之间、结点与结点之间的连结、连通关系),并通过考察网络元素的空间、属性数据,对网络的性能特征进行多方面的分析计算。

网络分析包括路径分析、资源配置和地址编码。路径分析是在网络中两个节点之间寻找符合条件的路径寻找过程,如最优路径或最短路径等。资源配置是用来模拟一个或多个中心的资源在网络中的最优配置问题。地址编码是解决属性数据库中含有地址的记录与图形数据的匹配问题,即在地图上进行地址定位。

GIS的网络分析主要解决以下问题:最佳路径问题、资源分配、选址问题、连通问题、视场问题等。下面分别说明。

● 最佳路径问题:最佳路径问题即路径的优化问题,其核心是对最佳路径和最短路径的求解。这里的路径赋予了地理学的含义,不仅仅是指日常社会中的路径,也可以是地理现象如台风的发展路径、森林火灾的蔓延路径等。最短路径是人们的初级需求,在地理研究中,要解决的往往是最佳路径问题。从网络模型的角度看,最佳路径求解就是在指定网络中两结点间找一条阻碍强度最小的路径。最佳路径的产生基于网线和结点转角(如果模型中结点具有转角数据)的阻碍强度,例如:如果要找最快的路径,阻碍强度要预先设定为通过网线或在结点处转弯所花费的时间;如果要找费用最小的路径,阻碍强度就应该是费用。例如:我国著名的南水北调工程,首先要确定的就是调水的最佳线路问题。此时不仅要考虑运输距离,更要考虑地形(海拔、坡度、坡向)、气候、地质(透水断层)。

● 资源分配:GIS网络分析的资源分配是为网络中的网线和结点寻找最近的中心。例如:确定三峡水电站建成后,水库水资源、电力资源的最优分配问题。这种分配是沿最佳路径进行的,实际上是为资源汇集中心寻找最合理的散发模式。当网络对象被分配给资源中心时,该中心拥有的资源量就依据分配对象的需求而不断减少,当中心的资源耗尽时,分配就自然停止。
● 选址问题:选址功能涉及在某一指定区域内选择服务性设施的位置,与资源分配问题相互对应。例如:在一个大的区域布设气象观测站,GIS 的选址问题可以回答这些站点如何分布最为合理的问题。站点选址问题种类繁多,实现方法和技巧也多种多样,关键是用科学、合理的标准来决定最佳条件的内容。
● 连通分析:连通分析在交通部门应用得最为广泛,它用于确定从某一结点或线路出发能够到达的全部结点或线路。例如:从我国的某一城市出发,只搭乘火车这一交通工具,所能够到达的所有城市和所有的路径。连通分析还能够解决交通网络的负载平衡问题。在生态环境流域的应用例子也不少,例如:因事故造成河流某段受到剧毒物质污染,需要确定污染物可能的传播途径,便于布控。
● 视场分析:具有三维数据表达能力的 GIS 提供了视场分析功能:用户从空间某一点所能够观察到的地物范围如图 2.29 所示。

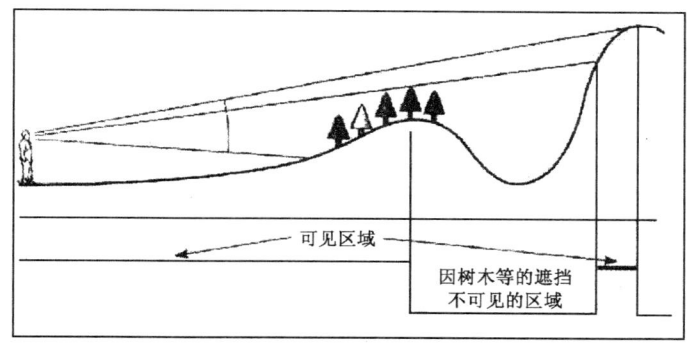

图 2.29 GIS 的视场分析示意图(Chrisman N,2002)

从空间分析到空间决策

气候变化及其相关现象是复杂多变的:有的现象是瞬息万变、不易把握,如洪涝灾害、火山喷发等;有的变化缓慢、难以觉察,如地下水中矿物成分的迁移。气候现象的复杂性使得传统的基于属性数据的统计分析和基于图形的 CAD 方法都难以胜任。

气候变化带有很强的地域性,和空间位置密切相关。脱离空间特征的单纯数值模型已不再主导气候变化的定量研究。GIS 的空间分析以地理现象为研究对象,从空间位置、属性特征和时间演化等方面进行综合分析研究,由此产生的研究成果中不仅包含着传统定性分析的专家思想,定量分析的结论,更重要的是由于空间数据的渗入,使所有研究要素和参量增加了空间地理位置属性,使得产生的结论不仅拥有定性、定量的特性,同时具备可视化的空间分布特征,更增强了成果的自然真实性。

GIS 的空间分析功能加上人们的先验知识,就能够从海量的原始地理数据中梳理出规律性的信息,辅助人们进行决策。在这一意义上,GIS 的地图从初步的可视化图件,上升为智能化地图(smart map),即使不具备 GIS 知识的人们也能够轻松理解,因此可以更好地协助各层次用户有效地管理自然及人文资源,整合空间信息、协助解决现实世界中的问题。图 2.30 展示了一个基于 GIS 空间信息平台的资源与生态环境决策支持系统框架。

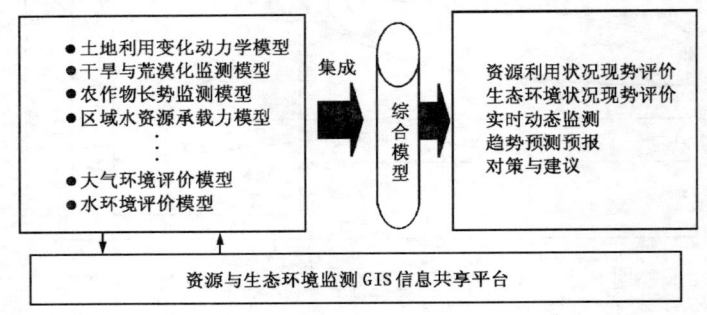

图 2.30　GIS 与资源环境决策

GIS 的空间决策支持一般经历以下步骤(边馥苓,1996):

● 确定目标:提出问题及最终的解决目标,形成对目标的初步认识,对问题的解决思路进行总体规划。

- 建立专业应用模型:根据问题所涉及的领域,构建出反映数据空间特点的定量、定位的专业应用模型。
- 寻求解决途径:设计、筛选对多源空间数据进行操作的方法,通过对多种空间分析结果的比较,形成直接支持用户决策的结论性信息。
- 结果评价:合理可靠的结果会对决策起到推动和促进作用。

整个过程如图 2.31 所示。

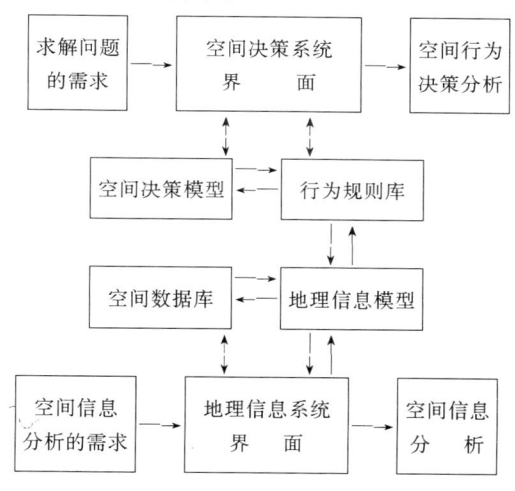

图 2.31 空间行为的决策模式(陈述彭等,2001)

信息表达

GIS 表达的信息有两类:一类是地理基础数据(例如:地形、地物、景观等);另一类是分析、处理、监测或仿真的结果,即分析后的结果展示。GIS 的一大特点是将用户查询的结果或是数据分析的结果以图形的形式加以表达,在计算机屏幕上显示或通过绘图仪输出,称之为地理数据的可视化。

GIS 的可视化表达包括以下几种方式:

(1) 统计图表:将数据转换为相关的统计图表,如柱状图、圆饼图、折线图等,可以直观地获得数据的变化、波动、比例方面的信息。

(2) 专题图:在普通地图的基础上,着重反映某一种或几种自然或社会经济要素的地理分布,或强调要素某一方面特征的地图。如土地利用图、草地资源图等。

(3) 三维可视化和虚拟地理环境等。

统计图表

GIS 的统计图表一般包括以下类型(以美国 ESRI 的 GIS 软件 ARCVIEW 为例,图片来源为《ARCVIEW 地理信息系统教程》,中煤航测遥感局遥感应用研究所,1996):

● 面积图(图 2.32):以面积的大小和变化,反映数据随时间的变化。

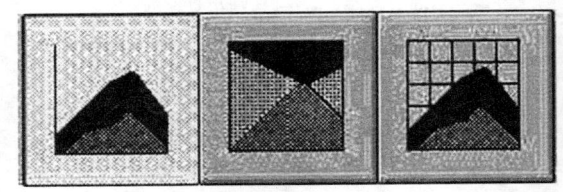

图 2.32 GIS 的统计图表——面积图

● 柱状图和条形图:用柱(纵向:图 2.33)、条带(横向:图 2.34)的高低(长短),反映数据值之间的差异和趋势。

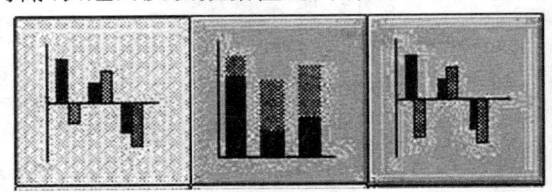

图 2.33 柱状图

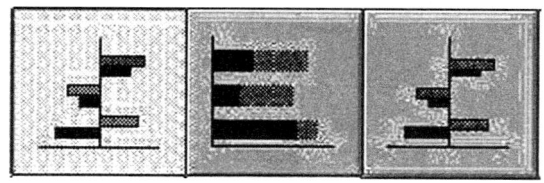

图 2.34 条形图

● 点线图(图 2.35):以散点、折线或光滑的曲线,反映数据随时间的变化趋势,线条图突出了视距的变化程度。

图 2.35 点线图

● 饼图(图 2.36):用于表示数据集中整体与部分之间的比例关系。

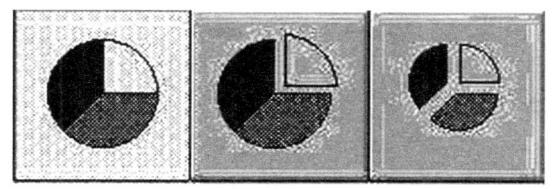

图 2.36 饼图

专题制图

专题图一般分为基础地图和专题地图。基础地图是一般性的参考图,它主要用来表达研究区的基本信息,如道路、行政边界、地形、水系等,地理基础作为编绘专题内容的骨架,并表示专题内容的地理位置和说明专题内容与地理环境的关系。专题图侧重于地理要素的典型特征,一般具有强烈的专业背景。

专题图不仅可以表示地理现象的现状和分布,而且还能够表示现象的动态变化和发展规律,如荒漠化监测图、土地利用变化图等;专题图上还可以反映一些地面上无法直接看到的或无法直接量测的信息,如地质构造纲要图、气候类型图和人口密度图等。

专题地图按内容可分为三大类:自然地图、社会经济地图及其它专题地图。

● 自然专题地图:表示自然界各种现象的特征、地理分布及其相互关系,如地质图、土壤图、气候图、植被图、太阳能分布图、风能分布图、洋流图、潮汐图等。图 2.37 所示的是自然专题地图的一种:坡度图。

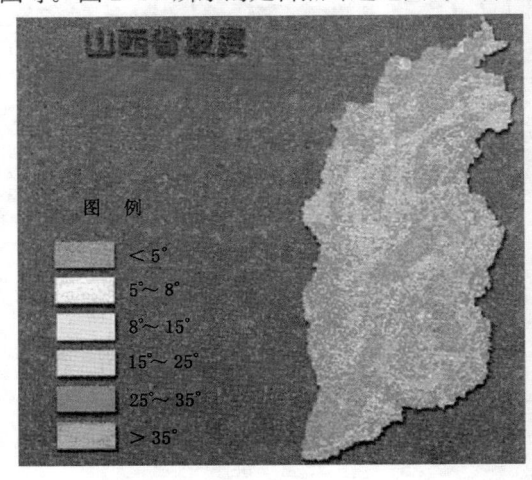

图 2.37　山西省坡度图
(中国科学院地理科学与资源研究所数据中心,2002)

● 社会经济专题图:表示各种社会经济现象的特征、地理分布及其相互关系,如人口图、行政区划图、交通图、工业图、农业图、商业图、贸易图、水利图、电力图、渔业图、林业图、牧业图等。图

2.38所示的是我国西部主要铁路货运流量图。

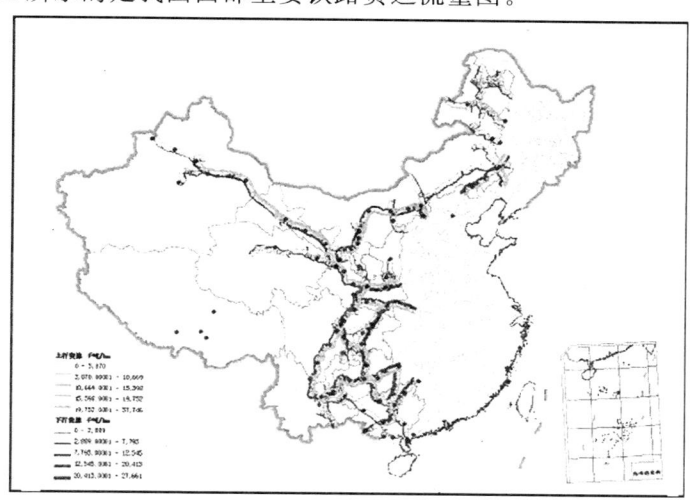

图 2.38 我国西部主要铁路货运流量图
(中国科学院地理科学与资源研究所数据中心,2002)

● 其它专题图:指不属于上述二类的专题地图,如航海图、旅游图等。

三维可视化

人类是视觉动物,因此通过图形、图像比文字更容易理解事物的结构。对科学数据进行可视化表达,使得枯燥抽象的数据变得直观、生动,增强人们对其的理解;同时,提供一系列工具,使得人们可以通过交互操作,对大量数据之间的关系进行分析。可视化是为了适应人脑的形象思维功能。爱因斯坦说过"想象力比信息更为重要(Imagination is better than information)",在 GIS 的支持下,可以将"想象力"与"信息"结合起来,GIS 的可视化表达运行可以帮助用户发现蕴含于空间数据中的难以直接发掘的规律。

在空间化信息的基础上,引入数字高程信息,可以将二维信息转换为三维立体的空间信息,从而使数字化的气候系统更接近真实的自然界,使复杂的气候模型及其运行结果以三维图形的形式表达更加感性化,同时使某些不可见的要素(如大气运移、近海回流等)变得可视,丰富人们认识世界的方式方法。

三维显示是以现实世界的采样数据来重新真实地表示现实世界,借助三维显示技术模仿多年以来人们研究并使用的人工技术。这门技术通过离散的高程点形成等高线图、截面图、多层平面和透视图,这些最初都是由人工完成的工作,现在用各种计算机程序迅速、高效地完成。三维 GIS 具有连续的数据结构和与之相应的分析功能。运用三维显示的最大优点是三维显示能对我们的大脑和眼睛形成强烈的感染。当我们观察一幅单个高程点所组成的平面图时,很难想象出地表的真实形状。等高线平面图的效果稍好一些,但要求观察者在其大脑中重建地表的形状,而用彩色的网状透视图使得地表变得直观生动,这样才能使所有细节和地形走向一目了然(图 2.39)。

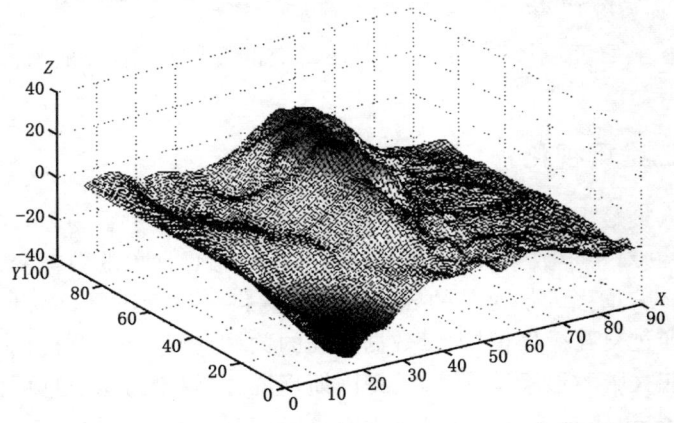

图 2.39 地形地貌三维可视化示意图
(X、Y 为二维平面坐标,Z 为海拔高程)

虚拟地理环境

当你开着一辆赛车高速兜风时,突然,斜刺里闯出另一辆车,躲闪不及,眼看就要撞上……不必担心,你不是在高速公路上,而是在游戏室内,迎面的车辆、路两旁的树木、耳畔的风声,都是计算机模拟出来的——这就是近年涌现出来的"虚拟现实"。虚拟现实(virtual reality)又称为灵境,它以计算机系统为基础,生成一种栩栩如生的仿真环境,用户利用有关工具(头盔显示器、耳机、传感手套等),可以与虚拟环境进行交互,体验视、听、触觉等各种感觉,仿佛置身于现实环境之中。

虚拟现实集计算机、信息技术、图像处理技术、仿真技术为一体,被认为是 21 世纪可能使社会发生巨变的几大技术之一。本文开篇所述的是其在娱乐方面的小试身手,实际上,虚拟现实技术已渗入到各个专业领域之中,演绎出精彩纷呈的虚拟现实世界。

虚拟生态环境是虚拟现实技术在生态环境领域的创造性应用,即基于虚拟现实技术,通过对基础自然环境、地形、土地利用、水文、气象等状况的仿真,建立个人能够沉浸其中,超越其上进出自如交互作用的多维信息系统。

虚拟现实技术、计算机网络技术与地学相结合,产生了虚拟地理环境。虚拟地理环境是基于地学分析模型、地学工程等的虚拟现实,它是地学工作者根据观测实验、理论假设等建立起来的表达和描述地理系统的空间分布以及过程现象的虚拟信息地理世界。虚拟地理环境实现在一个集计算、网络和拟境的系统里,传统的单人工作站分析模式转型为多学科团队的、深入到各种数据体和环境模型中的可视、可交互的三维图像,观测者、操作者和决策者都可浸入到数字化信息的多维图像里面,用声控或各种感应交互工具,直接调动和分析数据,监控环境的动态变化,制定优化的环境治理方案。生态环境监控和管理决策人员不再限于传统方式那样审查报告图集和听取多媒体介绍来综合决策,他们可通过声控或其它交互,调看不同思路的建模和模拟结果,也可以浸入到被监控区域,沿着环境污染或破坏的踪迹,亲临其境地监控环境的变化,配置环境治理工程,检查环境治理成果,从而达到降低环境监测成本,优化环境治理决策的目的。

虚拟地理环境对于动态地、形象地、多视角地、全方位地、多层面地描述客观现实,对于虚拟化研究、再现和预测地学现象,都有突出的方法论意义。例如:在大气科学中用四维(真三维加时间维)形式表示气旋、龙卷风、降水云系的发生、发展和演化过程;在地理学中用四维方式模拟整个河床内洪水的流动、涨落、对河堤的侵蚀,以及决堤后封决口时的水下状况等等,都具有十分重要的科学价值和明显的实用意义(汪成为等,2001)。图 2.40 所示的是利用 Landsat TM 影像结合高程数据生成的北京市区虚拟地理环境。

图 2.40 北京市区虚拟地理环境
(中国科学院地理科学与资源研究所数据中心,2002)

在全球气候变化领域,虚拟地理环境拥有广阔的发展空间,虚拟技术给用户提供有关系统过去的、现在的、甚至是未来的信息,以便用户实时作出正确的决策;在系统运行前,利用仿真模型作为预测器,向用户提供系统运行起来后,可能出现什么现象,以便用户修订计划或决策。例如:在防灾工程中的应用,由于自然灾害的原型重复实验几乎是不可能的,因而计算机仿真在这一领域的应用就更有意义。目前,已有不少抗灾、防灾的模拟仿真系统制作成功,例如:洪水泛滥淹没区的洪水发展过程演示系统,该系统预先存储了泛滥区的地形、地貌和地物,由高程数据可确定等高线,只要输入洪水标准(如百年一遇的洪水)及预定河堤决口位置,计算机就可根据水量、流速区域面积及高程数据算出不同时刻的淹没地区,并在显示器和大型屏幕上显示出来(汪成为等,2001)。

虚拟现实在农业中的应用也非常引人注目。近年来,一些国家开展了"虚拟农业"研究。虚拟农业分为三个层次:

(1) 基因层次:科学家利用计算机,模拟作物的生物物理、生物化学过程,进行基因重组和品种改良。

(2) 个体层次:以单棵植株为研究对象,如澳大利亚科学家迪格尔的根部生长模型,能够模拟作物在给定条件下的生长、发育情况;新西兰荷特研究所的果树生长虚拟模型,可以在几分钟内展示果树从发芽、生长、开花到结果的全过程。科学家通过调整生长参数,寻求作物生长的最佳生态环境。

(3) 群体层次:研究重点是在农田生态系统内,不同类型作物群体的生长发育状况及其与环境的物质、能量交换和转化过程的模拟,这是最接近实际情况的模拟研究,也最为复杂,仅处于起步阶段。

"人类一思考,上帝就笑了",虚拟现实是人类丰富的想象力在计算机支持下的实现,我们的生活将因之变得越来越精彩。

第三章
GIS 与地理信息加工

对于空间数据的处理、管理与分析是 GIS 区别于一般管理信息系统的重要特征。GIS 好比是一个高效的加工厂,我们将以各种方式采集来的空间数据、属性数据等,输入到 GIS 中,GIS 经过一系列的处理,可以输出规范化的地理信息,甚至是直接应用于决策的知识。对于全球变化研究而言,GIS 的信息加工功能包括三个方面:一是地理信息增值服务;二是离散的空间数据或非空间数据的空间表达;三是时间序列地理数据的处理与分析。

一套 GIS 系统,就是一座地理数据的加工厂,它以多种来源的原始数据为原材料,针对不同的用户需求,进行提炼、加工、生产出我们需要的地理信息产品。这里所说的提炼和加工包括三方面的内容:一是地理信息增值服务(数据加工、信息提取、知识发现等),GIS 所具有的综合性和多学科特征,能够给人们提供一个显示现状和了解发展规律的空间概念,真实再现了地球表面事物及其运动规律;二是离散的空间数据或非空间数据的空间表达;三是"史海勾沉",即对地理数据的时间序列进行分析。GIS 首先提供了空间相关的背景,然后是建模和分析,还提供了可视化的能力。

地理信息增值服务

信息系统与数据库管理系统的区别在于:信息系统具有以某种选定的方式解释数据的能力,因此能够使用户得到关于数据的知识(信息)。对于以管理空间数据为己任的地理信息系统来说,它的重要功能绝不仅仅局限于数据的存储,而是体现在对地理信息的扩展:在地理信息系统中,每一项地理信息的价值远超出它自身的意义。20 世纪 60 年代末,尼葛洛庞蒂还是个电脑制图助理教授时,没有人知道电脑制图是什么东西,今天,地理信息系统带动了一个新的产业——地理信息产业,它是从事地理信息获取、加工和提供以及地理信息技术开发和应用的产业,并已成为国民经济产业结构中的组成部分。

为此,引入 IT 产业的"信息增值服务"概念,将对地理数据进行的基础处理工作称为"地理信息增值服务"。从数据处理的角度来说,GIS 是一种将多源空间资料转化为统一的空间信息工具。以往,我们使用传统地图或模型来储存及展示空间资料,但传统地图在保存、更新、查询上都远不如数字资料快速简便;当需要许多地图互相套叠来作某个问题的分析时,以人工方式处理更是不便。如果能将地图所包含的资料,包括空间资料、地理资料(坐标、方位、相对地点等)以及属性资料(名称、性质、形状、种类、所有权等)全部转换成计算机能处理的数字资料,那么就能对资料作更有效率的维护更新;也能作更快速、更复杂的分析处理。

GIS 对地理信息价值的拓展,主要体现在:

(1) 数据加工:运用 GIS 内置的各种专门工具,对地理数据进行规范化处理,使其规则排列,有序可寻,同时数据质量有所保障。

(2)信息提取:利用 GIS 的空间分析功能,对地理数据的各种特征(空间、时间、属性)进行总结,生成具有各种物理意义的空间信息。

(3)多源信息融合:在空间信息技术支持下,对多种要素信息进行叠加、融合、运算等,从而派生出新的信息。

(4)知识发现:通过对空间信息的挖掘和分析,将空间信息升华为真正可以为人们理解的空间知识,为各种应用决策提供支持。

数据加工

为了对客观世界进行描述,人们从各个不同的角度,用数字、信号、文字、影像等形式,反映地物特征或地理进程,于是形成了大量的地理资料,即空间数据(表 3.1)。

表 3.1 空间数据种类

类 别	各种数据包含的内容
基础地理数据	境界(国、省界等)、测量控制点、地籍图、地形图等
土地利用	土地利用类型、地权、地籍、地价等
自然资源	农业资源、林业资源、渔业资源、畜产资源、矿产资源、水资源、气候、气象等
生态环境	动物生态、植物生态(陆地或海域)、湿地动植物生态、自然保护区及其它保护区数据、大气质量、土壤及水污染、污染源、废弃物、噪音、毒性化学物质等
交通与公共设施	水路、铁路、公路系统、电信、电力、自来水、煤气、雨水污水、下水道等
社会经济	人口、产业、教育、税收、国民生产总值、就业等
……	……

如今,国外发达国家的数据中心都采用网络、数据库、GIS、数据仓库、数据挖掘、智能代理等先进技术,逐步实现全国分布式数据管理,建立科学、合理的先进服务系统,为用户提供准确、方便、

快捷的气象资料服务,向数据共享、联机检索服务方向发展。

数据还不是信息,因为它与信息存在层次上的差距:信息是按有序规则排列和组合的数据,即有用的数据。地理信息是指表征地理圈或地理环境固有要素或物质的数量、质量、分布特征、联系和规律等的数字、文字、图像和图形等的总称。数据到信息需要经过处理和提炼,而 GIS 正是胜任该项工作的有力工具。戈尔曾畅想随着数字地球的提出,"我们将拥有一个前所未有的机遇:可以把有关人类社会和我们星球的原始数据流,转换成能够为我们所理解的信息"。一般来说,GIS 的数据加工包括数据的标准化、分类与编码、质量控制、数据转换、数据存储等内容。

● 数据的标准化

地理数据的来源多种多样,数据采集的方式、方法、标准以及记录的格式等有很大差异,因此,为了数据的共享,必须将所有的数据统一到相同的标准上。标准化和规范化工作一般按照已有国家标准、行业标准执行。若没有国家标准和行业标准时,可参照国际标准进行。

● 数据分类与编码

数据分类和编码是利用计算机进行数据存储、分析、处理的需要,分类体系与编码系统是否符合标准规范,直接影响到数据组织、联接、传输和共享。所有数据库都必须按照相应的信息分类标准及编码系统进行数据分类和编码改造,表明地理要素空间特征的字段要严格按照地理信息标准与规范进行分类与编码。

● 数据质量控制

数据的质量对于科学研究和应用来说,就好比建筑万丈高楼的地基,质量好坏是成功与否的关键。空间数据的质量包含空间定位的精度、属性描述的准确性等,具体来说,在全球变化研究的宏观层面,包括数据的完整性、现势性、可获得性和适用性;在具体操作上,指的是空间数据的定位精度、属性精度、一致性、相容性等。

● 数据转换

GIS 的数据转换包括格式转换和空间配准两方面内容。

格式转换：建立统一的数据转换标准（包括矢量数据、栅格数据、属性数据等的标准格式）及其它相关的地理信息技术标准和规范，是本专题进行数据处理、分析与应用的需要。专题将制定统一的数据标准格式，各数据库在对数据进行改造时利用转换工具把所有数据转换成标准格式。

空间配准：地理基础是地理信息数据表示格式与规范的重要组成部分，统一的空间定位框架是为各种数据信息输入、输出和匹配处理提供共同的地理坐标基础。通过空间配准使各种来源的地理信息和数据能够具有共同的地理基础，并在这个基础上反映出它们的地理位置和地理关系特征。

● 数据存储

完成数据标准化改造之后，需分析数据情况，调整和完善数据库结构，使数据库既能很好的反映数据特征，又应具有最小冗余度。为此，要进行字段的增加、删除或修改。特别是数据的地理特征字段，如果要以图形方式来表达空间位置、空间分布、空间关系或者在此基础上进行分析，就需要建立属性数据和空间数据的关联，以便连接空间数据与属性数据，进行空间定位；如果是统计数据，应把统计单元按照定位标准进行划分。

例如：陕西省延安市气象站 1997 年观测的数据片断。

时　　间：	1月	2月	3月	4月	5月	6月	……
日照百分比：	65	57	54	53	55	57	
（单位:%）							
……							

按上述步骤，用 GIS 软件（此处用的是美国环境科学研究所的 ARCVIEW）进行数据处理后，得到如图 3.1 所示的结果。

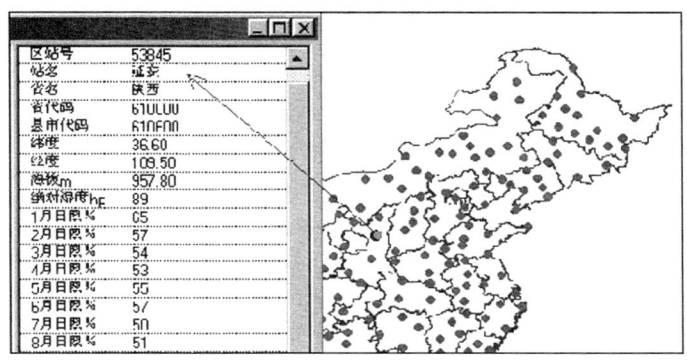

图 3.1 延安市气象站空间位置及属性数据示例

信息提取

科学研究离不开基础信息,基础信息是科学研究技术开发的基础和保证。地理信息用于表示地球表面与空间有关的对象或现象。地理信息系统的最重要特点之一就是广泛的空间数据综合分析和模型模拟能力,它能够对具有地理坐标的空间信息作拓扑分析和计算,对空间的和非空间的属性进行综合分析处理,并能对各类信息作出种种统计分析,从而提供了极为丰富的综合评估和提取有用信息的手段。常规的 GIS 的分析和处理能力包括图像的复合、重新分类处理、近似分析、最优化缓冲区和其它制图模拟技术。GIS 可为全球变化研究提供分辨率更高和更快捷的信息获取方法,对预测和适应全球变化都有非常重大的作用。GIS 能使大量的地球空间数据融于一体,获得有关地表覆盖、动植物分布状况、全球气候态势、人口、社会经济等信息。

未处理过的原始资料(Raw data)经过标准化、分类、编码、质量控制等处理之后,所有的地理数据都统一到了标准的数据平台之上。GIS 对这些数据进行进一步的处理、运算、分析,进而产生一些有助于决策的地理信息。对于同一个地面物体(地理事件)而言,地理信息系统中存储了三种类型的信息:①空间信息,即地面物体在三维空间中的坐标(经度、纬度、高程)或地理事件发生的地点;②属性信息:地面物体的性质、状态等特征;③时间信息,地理事件在时间轴上的坐标。三种类型的信息相互关联、相互影响,但是它们的度量方式、度量单位不同,因此,不能简单地直接运算。地理信息系统的信息提取方法包括转换、空间计算、空间分析等(图 3.2)。

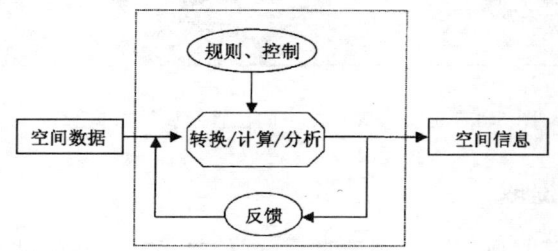

图 3.2 从空间数据到空间信息的转化过程示意图

在气候、气象领域,GIS 可以在纷繁复杂的数据中,剥茧抽丝,提取出满足科研、生产和应用需要的信息。GIS 的信息提取功能可以概括为两大类:一类是各种气象参数的提取,如太阳辐射(全球辐射、净辐射)、风、温度、湿度、蒸散、降雨等;一类是与全球变化相关专题信息提取,如土地利用/土地覆盖变化、气候分区、海洋温度场、干旱监测、生物量监测等。

各种气象参数的提取可以利用 GIS 基于空间图形的运算实现。举个简单的例子,将 1 月份各气象站点每天的降雨量累加生成月度降雨量(图 3.3)。

再如,利用地理信息系统的空间运算,可以将实际蒸散的值,除以潜在蒸散值(经过理论运算得到),生成相对蒸散空间分布图(图 3.4)。

在专题信息提取方面,较为典型的如在 GIS 支持下土地利用

第三章　GIS 与地理信息加工　· 69

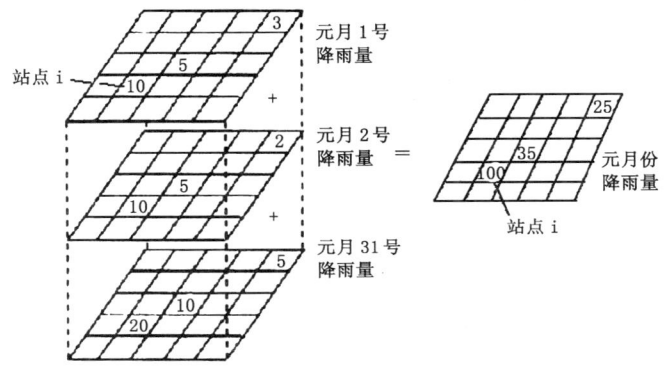

图 3.3　GIS 空间运算示意图（月度雨量图累加）

图的生成。通常,以遥感数据为主要信息源(如美国的陆地资源卫星 Landsat TM),在 GIS 支持下,将遥感数据与数字高程模型(DEM)、土地利用历史数据以及专家知识等结合起来,通过层次分析的方法,对各种土地利用类型进行自动判断和划分,最终生成新的土地利用图。基于遥感和 GIS 的土地利用图的制作流程示意图如图 3.5 所示,北京市 2000 年土地利用图如图 3.6 所示。

多源信息融合

地球是一个统一的整体,一个因素发生变化,必然引起另外一些因素的一系列变化;一个地方发生变化,必将引起相邻其它地区的变化;今天的变化一定会造成明天相应的变化;地方性的变化将是全球变化的一部分,而全球变化也将深刻影响着每一个地方的变化。及时、准确的地球观测系统数据和地理空间信息在防御灾害和减轻灾情的决策中起着举足轻重的作用。有关科学家呼吁在全球变化领域内的国际交流和合作,因为"每个人都处在另外一些人的下风带,每一个人都参与在全球变化的过程中"(Houghton J., 2001)。

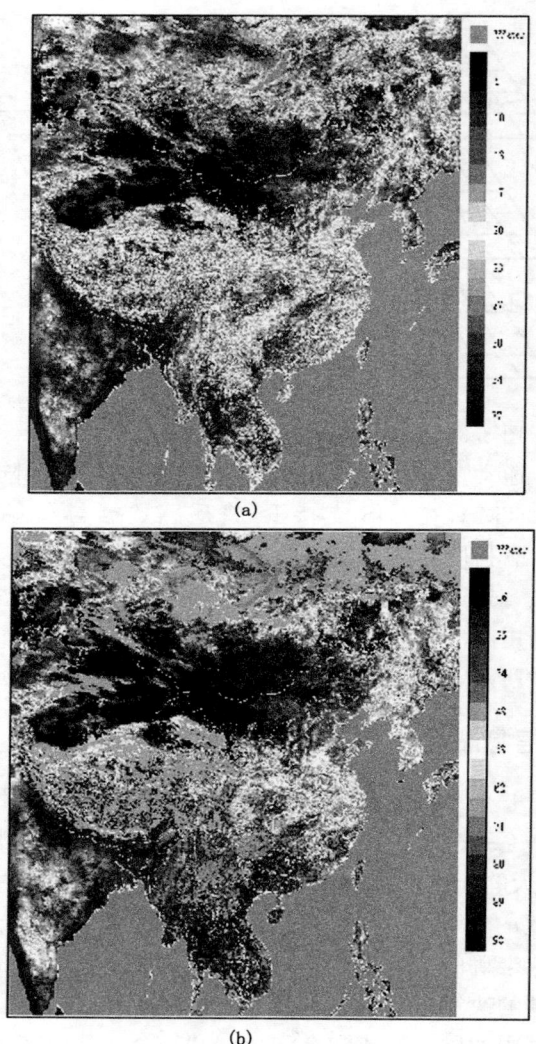

图 3.4 2001 年 9 月 24 日我国的蒸散分布情况
（a 为实际蒸散分布；b 为相对蒸散分布）

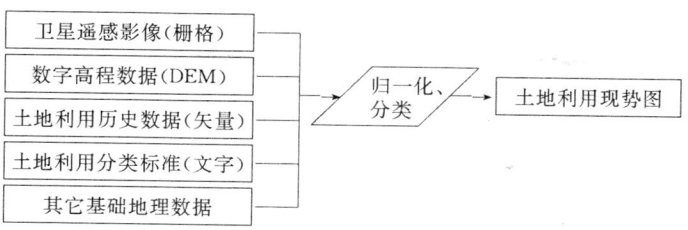

图 3.5 基于遥感和 GIS 的土地利用图的制作流程示意图

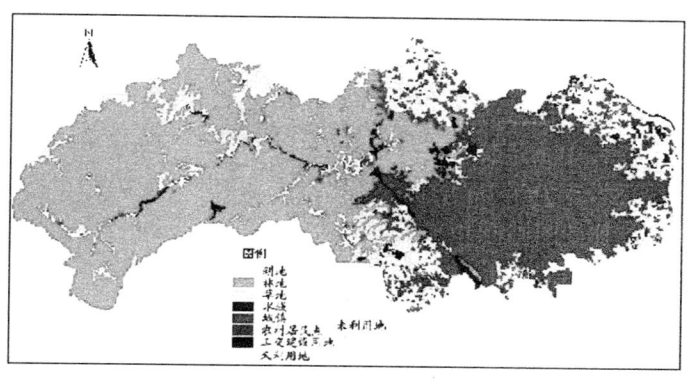

图 3.6 北京市区 2000 年土地利用图
(中国科学院地理科学与资源研究所数据中心)

气候变化是多因、多级、多时的,不仅仅与下垫面类型、大气成分等因素有关,它与人类的活动密切相关(图3.7),研究实践告诉我们,单一学科很难解决全球气候变化这样一个高度综合性的问题,因此急需一种能够承载多学科知识、能够进行综合性分析的信息工具,它就是 GIS。GIS 结合了地理、人文、自然、社会等多种因素,它既能反映地球表面的现象,同时也能展示出地球的运动规律,使人们能够跨时空地、全面地理解事物。GIS 这种综合利用多源空间信息的特点用一个新的术语表述,就是"多源信息融合"。

随着遥感技术、地理信息系统和全球定位系统的应用,地学研

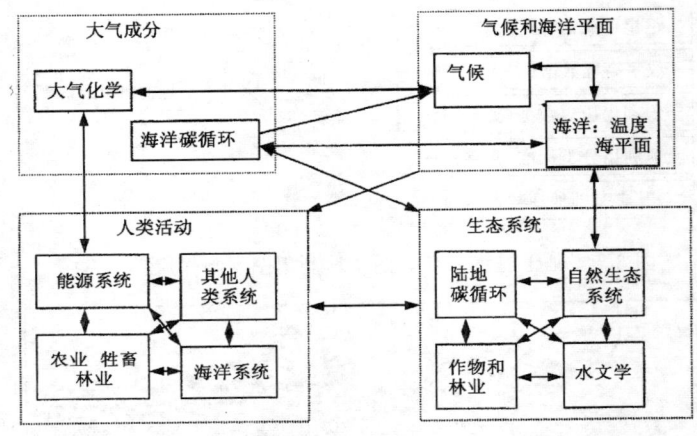

图 3.7 基于集成评估模式的
气候系统框架(Houghton J.,2001)

究领域一改过去由于数据获取手段和能力限制而导致的数据获取困难的局面,多种遥感影像数据(多时相、多传感器、多光谱、多平台和多分辨率)、地面观测数据、统计数据等越来越多。

空间信息获取手段的多源性导致了数据存储格式及提取和处理手段各不相同,主要表现在(李德仁等,1998):

● 多语义性

地理信息指的是地理系统中各种信息,由于地理系统研究对象的多种类特点决定了地理信息的多语义性。对于同一个地理信息单元,在现实世界中其几何特征是一致的,但是却对应着多种语义,如地理位置、海拔高度、气候、地貌、土壤等自然地理特征;同时也包括经济社会信息,如行政区界限、人口、产量等。一个 GIS 的研究决不会是一个孤立的地理语义,但不同系统解决问题的侧重点也有所不同,因而会存在语义分异问题。

● 多时空性和多尺度

GIS 数据具有很强的时空特性。一个 GIS 系统中的数据源既有同一时间不同空间的数据系列；也有同一空间不同时间序列的数据。不仅如此，GIS 会根据系统需要而采用不同尺度对地理空间进行表达，不同的观察尺度具有不同的比例尺和不同的精度。GIS 数据集成包括不同时空和不同尺度数据源的集成。

● 存储格式多种多样

GIS 数据不仅表达空间实体（真实体或者虚拟实体）的位置和几何形状，同时也记录空间实体对应的属性，这就决定了 GIS 数据源包含有图形数据（又称空间数据）和属性数据两部分。图形数据又可以分为栅格格式和矢量格式两类。传统的 GIS 一般将属性数据放在关系数据库中，而将图形数据存放在专门的图形文件中。不同的 GIS 软件采取不同的文件存储格式。

为此人们迫切希望寻求一种综合利用各类空间数据的技术方法。从最初简单的"数据内插(interpretation)"、"复合分析(combined analysis)"，发展到"信息综合(information integrating)"，1990 年在美国航空航天局(NASA)的一个研讨会上，Shen 系统地提出了信息融合(data/information fusion)的概念；信息融合是一种信息处理技术，即对多源信息进行处理，以获得改善了的新的信息，服务于决策。图像融合(Image fusion)是一种通过高级影像处理来复合多源遥感影像的技术，是用特定的算法将 2 个或多个不同影像合并起来，生成新的图像。

通常，图像处理流程主要有：①图像预处理（基于单个像元）；②特征提取；③分类；④结果评价与应用。按照融合在处理流程中所处的阶段以及所作用对象的不同，可以将图像融合分为三个层次：像元级融合、特征级融合、分类（决策）级融合。

像元级融合是在图像预处理阶段的融合。将两个图像空间配准，然后将两图像上各像元的物理量进行加权求和，所得的值为新图像该坐标上的像元值。它主要是增加图像中有用的信息成分，以便改善如分割、特征提取等处理的效果。

特征级融合是在图像特征提取阶段的融合。对不同图像进行特征提取,按各图像上相同类型的特征进行融合处理;它使得能够以高的置信度来提取有用的图像特征。

分类(决策)级融合:这是更高水平的融合。首先按照应用的要求对各图像进行分类,确定各类别中的特征影像,再按此进行融合处理。它使得来源于不同传感器的图像在最高抽象层次上得到有效的利用。

通过信息融合,可以对观测目标有一个更加全面、清晰、准确的理解和认知。对于栅格形式存储的遥感影像来说,图像信息融合的目的是将单一传感器的多波段信息或不同类传感器所提供的信息加以综合,消除多传感器信息之间可能存在的冗余和矛盾,以增强影像中信息透明度,改善解译的精度、可靠性以及使用率,以形成对目标的清晰、完整、准确的信息描述。图像融合不是简单的叠加,它产生新的蕴含更多有价值信息的图像,即达到 $1+1>2$,甚至是远大于 2 的效果。

例如:美国陆地卫星 Landsat TM 具有 7 个波段,空间分辨率为 30m,法国的 SPOT 全色波段空间分辨率为 10m,在实际应用中常将二者进行融合处理,融合的结果提高了分辨率(10m),又保留了多光谱的丰富信息(多个波段)。图 3.8 为融合结果(北京官厅水库地区,2000 年)。

人类在现实生活中,非常自然地运用了多传感器数据融合这一基本功能。人体的各个器官(眼、耳、鼻、四肢)就相当于传感器,它们将自然界的各种信息(颜色、景物、声音、气味、触觉)组合起来,人们再使用先验知识去估计、理解周围环境和正在发生的事情,并作出相应的行动。由于感官具有不同的度量特征,因而可测出不同空间范围内的各种物理现象,这一过程是复杂的,也是自适应的。把各种信息或数据(图像、声音、气味、形状、纹理或上下文等)转换成对环

图 3.8 Landsat TM 与 SPOT 影像的融合结果
（北京官厅水库地区，2000 年）

境有价值的解释,需要大量的、复杂的智能处理,以及适用于解释组合信息含义的知识库。在空间信息处理方面,GIS 按照一定的体系规则来融合这些复杂的多源空间和非空间信息,实现多源数据的统一管理,从而提高数据的利用率,扩展信息的时空范围,提高数据的可信度,降低信息的模糊度,提高空间分辨率,使 GIS 成为解决全球变化等大规模复杂问题的有利武器。

数据挖掘与知识发现

随着地球空间数据获取手段的快速发展,对地球空间数据的处理已远远超过传统的人工处理能力,从大量数据中自动、快速、有效地提取模式和发现知识显得越来越重要。正如 John Naisbett 所说,"我们已被信息所淹没,但是却正在忍受缺乏知识的煎熬"。知识是数据元素间的关系或模式,这些数据与特定的领域和任务相关,并且是令人感兴趣的和有用的部分。由数据、信息到知识,反映的是人类认识客观世界层次不断提高的过程。

数据挖掘与知识发现的出现很好地满足了地球空间数据处理的需要。知识发现是指人们从信息中获得的理解和认知,泛指所有从源数据中发掘模式或联系的方法。数据挖掘是知识发现的主要方法。数据挖掘(data mining)就是从大量的、复杂的、有噪声的、模糊的、随机的实际应用数据中,通过抽取、转换、分析及其它模型化处理等手段,提取隐含在其中的有用信息的过程。数据挖掘其实是一类深层次的数据分析方法。它利用各种分析工具,在海量数据中发现模型和数据间关系,以及特定的模式、关联规则、变化规律、异常信息等具有统计意义的结构和事件的过程,这些模型和关系可以用来做出预测。其本质就是发现数据实质与数据间的关系的探索过程,找出潜在于数据中的现实事务的规律和趋势,进而把感觉转化为事实。

数据挖掘系统的逻辑视图如图3.9所示。

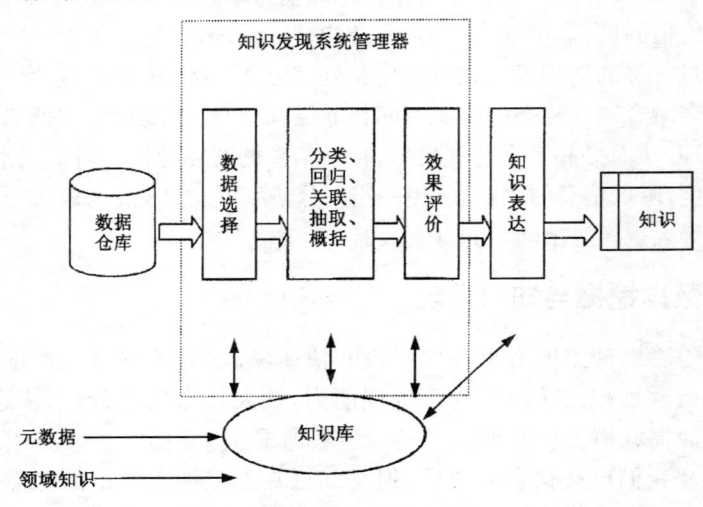

图3.9 数据挖掘系统逻辑结构图(王钰,2000)

表 3.2 给出了数据挖掘与知识发现的进化历程。

表 3.2　数据挖掘与知识发现的进化历程（陈述彭等，1996）

进化阶段	典型问题	技术手段
数据搜集 （20世纪60年代）	"过去10年我国平均降雨量是多少？"	计算机、磁带和磁盘
数据访问 （20世纪80年代）	"华北地区今年上半年的平均降雨量是多少？"	关系数据库（RDBMS），结构化查询语言（SQL），ODBC
数据仓库 （20世纪90年代）	"华北地区今年上半年的平均降雨量是多少？据此可得出什么结论？"	联机分析处理（OLAP）、多维数据库、数据仓库
数据挖掘 （目前）	"今年冬季我国的平均降雨量是多少？"	高级算法、多处理器计算机、海量数据库

数据挖掘和知识发现的类型见表 3.3。

表 3.3　数据挖掘和知识发现的类型和方法

类型	内容描述
分类	监督分类方法（如人工神经网络方法）
聚类	基于贝叶斯理论的非监督分类方法
回归	一元或多元回归分析
概括	寻找描述各数据子集共性的方法（如粗糙集方法）
变化和偏离检测	从与以前数据对比中发现显著变化

地学数据与其它类型数据的一个重要区别就是它的空间特性。目前在地学数据分析中对空间特性的处理主要有以下几种方法：

（1）将空间作为框架，同一区域范围内不考虑空间要素，静态研究如各种区域统计指标计算、动态研究如系统动力学模型等。

（2）利用空间统计方法（如变异函数、空间自相关指数等）探讨空间分布的特征。

（3）将空间要素转化为一维属性要素参与分析，如距离、方向等用于主成分分析、多变量相关等。

(4) 空间要素作为属性要素的乘积因子,如交通中的等到达时线、水文中的等流时线等。

(5) 将不同要素的图层进行空间配准后采用 GIS 中的叠加(overlay)方法,形成规则网格或最小图斑单元,然后参与一般分析,不再考虑空间因素。

目前,国内外都开展了地球空间数据挖掘与知识发现方面的研究。加拿大西蒙·法拉色大学计算机科学系的 Han Jiawei 教授领导的小组,在 MapInfo 平台上建立了空间数据挖掘的原型系统,实现了空间数据特征描述、空间比较、空间关联、空间聚类和空间分类等空间数据挖掘方法。国内武汉测绘科技大学李德仁教授最早关注到从 GIS 数据库中发现知识的问题,提出从 GIS 数据库可以发现包括几何信息、空间关系、几何性质与属性关系以及面向对象知识等的多种知识。他认为数据挖掘同时也使得 GIS 的有限数据变成无限的知识。

总之,随着地学空间数据的急剧增多,地学空间数据挖掘与知识发现作为地学研究与数据挖掘研究的结合点将成为研究热点之一。地学空间数据挖掘与知识发现的分析方法和应用结果,对于建立在数字地球之上的地球信息机理研究具有重要意义,将为全球变化和区域可持续发展提供有力的分析工具。

地理信息空间化

空间数据(spatial data)是指用来表示空间实体的位置、形状、大小及其分布特征诸多方面信息的数据。它可以用来描述来自现实世界的目标,具有定位、定性、时间和空间关系等特性。定位是指在一个已知的坐标系里空间目标都具有惟一的空间位置;定性是指有关空间目标的自然属性,它伴随着目标的地理位置;时间是指空间目标随时间的变化而变化;空间关系通常又称拓扑关系。从这一概念出发,可以将空间数据直观地分为两种类型的数据:空间图形数据与可空间化的属性数据;可空间化的属性数据是指可以与空间图形数据库中的实体(以下简称"空间实体")建立关联的数据。属性数据与空间图形数据建立空间关联的过程称为空间化。

全球变化研究(如气候趋势、环境监测等)需要大范围的动态信息内涵,才有实质性的意义。然而,人们过去只能在一个非常小的面积上观测这些信息:定位观测台站(如气象站)获得的是点状地表特征参数;大地测量等野外作业获得大量测线数据。在传统的地理研究中,采用的是基于有限观测点数据的数值计算方法,以绘制等值线的方法表达区域分布信息。在将站点数据扩展到面上(如流域)数据时,存在着一些问题,如内插方法的地学合理性、时效性、基础数据的完整性等。现代空间信息技术的高速发展,为地理数据空间化提供了新的思路和方法。

基础地理数据的空间化

所谓基础地理数据,指的是进行全球变化等研究所必须的基础资料,如地形图、测量控制点、行政界线、建物、交通系统、水系、公共事业网络、地貌、数值地形模型等。在 GIS 中,这些数据是分层表示的,共同形成对客观世界的基本描述(图 3.10)。

基础地理数据是其它一切应用的基础,因此,一般由国家组织大规模的测绘工作,完成基础地理数据的填图和更新。对于一些界线类的数据,将其从纸图、AutoCAD 图形等转入 GIS 中即可;而一些统计型的表格数据,可以通过地理代码与相应的地理界线建立关连(图 3.11)。

气候要素的空间化

气候系统是由多种因素组成的,它们的变化和相互作用的规

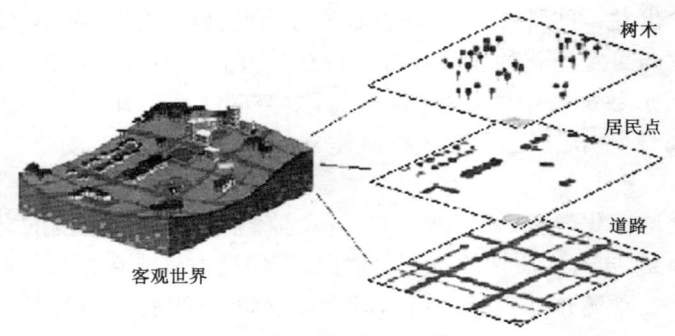

图 3.10 客观世界的 GIS 分层表示：
基础地理数据(ESRI,2002)

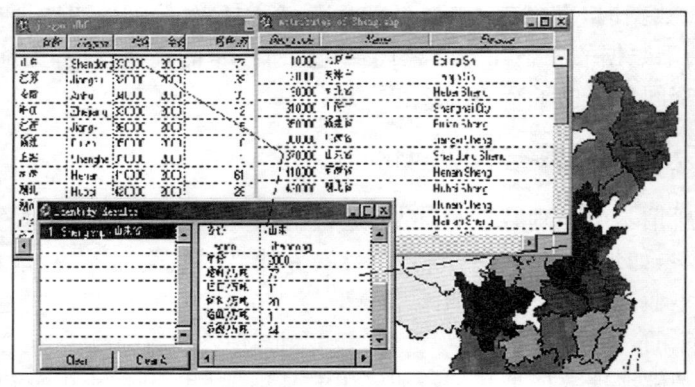

图 3.11 属性数据与空间图形数据关联的空间化过程

律是把握气候变化的钥匙。因此，称之为"气候要素"，构成气候的气象要素，如温度（包括辐射）、湿度（包括降雨量、云雾）、风向、风速（包括风暴）、气压、蒸发以及其它大气层的化学、光学及电学现象等多年平均状况均属气候要素。全球气候变化研究的核心是气候要素时空展布格局的变化，因此，我们必须采用将统计数据与站点观测数据空间化表达的技术，将各种气象要素规范到一个统一的空间数据平台上，以便进行多要素、多时段的综合分析（白璧玲）。

传统的气象观测基本上是小范围的观测,相当于以点、线、面等不同形式对地球系统进行采样。虽然世界各国均建立了大量的气象站点，但是由于成本的限制，无论选取多少样点，观测采样的点位都不可能覆盖整个区域，有限的站点对于茫茫的地球空间来说，等同于沧海一粟。而且受地理条件、维护条件等的限制，各种站点的布设很不均匀，在城市附近，站点较密，而在很多自然状况恶劣的地方，站点往往十分稀少甚至没有。在全球变化的实际应用中，我们需要知道气象要素的空间分布，即提供覆盖全球的气象要素"场"，在气象模型研究中，往往需要知道某要素在空间上任一点位的值。如何将点的观测数据扩展到一定范围的面上是一个基本的空间尺度转换问题，以便知道没有观测站点区域的气象资料。

由于自然界某一点位的物质特征具有一定的延续性,这使得在两点的插值模拟方法成为可行。在 GIS 空间插值技术支持下这些需求变为现实,由插值产生的信息层面进一步成为信息系统中新的数据源。目前,GIS 支持下气候要素的空间化问题已成为全球变化研究的重要内容之一,例如英国的 IPCC 数据分发中心对全球气象数据的空间化进行了深入探讨,并于最近发布了全球月度气象数据集,空间分辨率为 $0.5°\times0.5°$。

在 GIS 支持下,不仅可以方便地进行空间插值,更重要的是它可以综合多种附加信息,使得空间插值更为合理和精确。气象要素空间化的方法可以归纳为三种：

（1）直接插值：所谓直接插值，就是不使用附加信息，直接用数值方法对未知地点的资料进行推算。图 3.12 对这种方法进行简单的示意。

图中已知 1,2,3 三个气象站的位置,以及在某一天实测的降雨量(mm),要求推算中间点 N 的降雨量。最简单的方法是取邻近值,即以距离 N 点最近的站点(图上为站点 3)的降雨量作为 N 点的推算降雨量(200mm)。如果区域内雨量

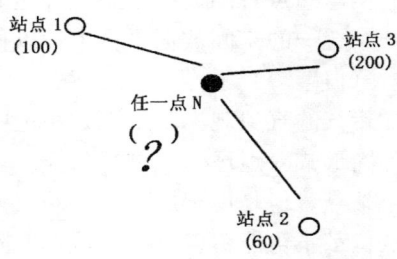

图 3.12 数值法插值计算示意图

站分布较均匀、地形起伏不大,且站数较多,则可将各雨量站同步观测的雨量相加除以测站数,即得该时段的流域面平均雨量。实际操作时,将三个站点的空间位置信息输入 GIS 中,GIS 自动进行距离量算和比较,并完成赋值。

(2) 地形校正法:地形是影响气象要素(如降雨、温度)空间分布的重要因子,因此,在空间化运算时,引入数字高程模型(DEM)数据(海拔、坡度、坡向),建立地形校正模型;由于我国 60% 以上的地区为山区,山区的气象指标在很大程度上受到地形的影响,因此不能不考虑地形的作用。例如:利用全国 DEM 数据,可以海拔高度每上升 100m 气温降低 0.6℃的温度递减率为依据,对直接插值获得的气温、积温等进行 DEM 校正。与直接插值相比,DEM 校正的数据与实际情况更为相符。

(3) 多因子模型校正:从点到面的尺度转换方法主要是各种空间插值方法,插值方法基本上是基于统计学的方法,一般不考虑地学过程的机理。但是,气象要素的尺度转换问题不能用简单的数学运算获得,因为气象要素的空间分布受很多自然、人文因子的影响,如地形、下垫面类型、距海距离、人类活动频度等。因此,如何将地学机理融合到空间插值算法中,是提高插值精度的一个关键。上面的 DEM 校正方法是其中的一个方面。

例如：在气象工作中常常需要推算某个流域内的降雨量分布情况。流域是指河流的集水区域，通常在地形变化复杂的区域，必须考虑多种要素的影响，如流域分水线（相邻两流域的界线）、流域的形状（流域长度和宽度等）、流域地形特征（流域高程变化、坡度、坡向变化等）等等。

在已知降雨量的多种影响要素之后，如何在计算中加入各要素的影响？在 GIS 支持下，可以方便地解决这一问题：首先，GIS 将各种影响要素空间化，以空间数据格式（矢量、栅格等）存储，形成"流域降雨量计算影响要素信息库"；然后在气象基本规律的指导下，对降雨量-影响要素进行空间相关分析，确定各要素对降雨量的影响方式和影响程度；最后，利用获得的规律，对整个流域的降雨量分布进行推算。

栅格上的人类社会

自从有人类以来，人与环境就不断地交互影响着，作为大自然生生不息的循环过程中的一环，随着人类社会的不断演化发展，人-地关系也在不断变化和演进，人类活动成为影响区域生态环境变迁的主要因素之一。我国古代著名思想家老子曾经提出"人法地，地法天"，如今在研究人与环境间交互关系的科学领域，可持续发展思潮的流行，更促使人们的观念由"改造自然"、"征服自然"转化为与自然界的"协同发展"。目前，随着研究的深入和认识的不断提高，要求人们从综合集成的角度，推进对全球变化过程的深入理解，特别是针对与年剧增的生态环境问题，提出人类适应性的策略，缓减生态环境危害。但是由于以下问题的存在，严重阻碍了研究工作的发展：①可持续发展框架下的生态环境评价；②人文因素的量化和空间展布；③人文因素与生态环境的响应机理与互动模式。解决上述 3 个问题的前提是获得定量、定位的人口、社会经济信息。

人口、社会经济信息可以用在很多研究领域,如生态学、土地利用-土地覆盖变化、区域可持续发展等。人口、社会经济数据一般以县为基础统计单元;这些单元或多或少地存在划分过粗、边界经常变化、层次等级不明确、编码不统一、行业之间边界不一致等问题,使行业、部门、机构之间的数据在空间定位上无法相互引用,共享程度低,资料累计的历史价值不高。随着全球变化研究的深入和多学科交融的加剧,统计资料的空间定位不稳定、不精确、不统一的矛盾会越来越突出。要解决这些问题,迫切需要建立一个高分辨率的基础地理单元,将人文数据与自然数据转化到一个可以方便操作、分析的数据平台。人文数据空间化就是最好的解决办法之一,即将以行政区域为单元的统计数据展布到一定尺寸的地理网格上,构建人文空间数据库,便于与土地利用/土地覆被数据、生态环境背景数据等自然要素数据联合应用,使之成为国家级可持续发展信息网络的有机组成部分,为可持续发展的研究和决策提供服务,为政府决策和科学研究提供依据。

所谓空间统计单元,就是在地图上划出有层次的、互不重叠的、不规则的多边形,每一层次上每个多边形就是一个空间单元,有惟一的代码。各种统计资料和规划指标均应有事物所在空间单元的代码,这样查询、分析、汇总时,空间定位就很方便,因此在空间单元及其编码的标准化基础上,将人口、社会经济数据空间化,将基于社会单元(省、市、县、乡镇行政区划单元等)、自然单元(流域、土壤类型单元、植被类型单元等)的信息转化为基于空间信息单元的空间信息,为多领域之间数据共享、进行空间统计分析带来极大便利(图 3.13)。

以空间栅格为载体,GIS 将地理现实世界栅格化,对于不同的专题分层表示:如自然要素层和人文要素层,其中二者又可再细分,如自然要素可再分为气象、水文等;人文要素层可分为人口和

GDP 等。对于特定专题层来说,每一栅格均有一惟一标识(空间位置)。栅格可以表示为 $P(ID, t, a_1, a_2, a_3, \cdots, a_n)$ 其中 ID 为栅格标识;t 为时刻;$a_1, a_2, \cdots, a_n$ 为该栅格的 n 个特征。这样可以组成一个二维信息表(表 3.4a 和表 3.4b):

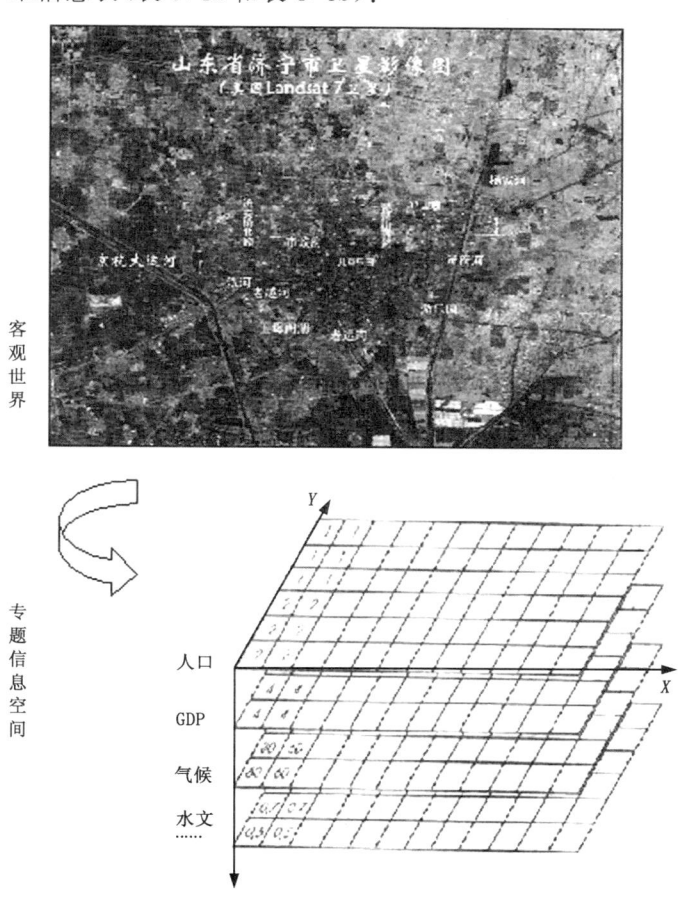

图 3.13 在空间统计单元上,实现自然、人文要素的整合

表 3.4a 人文要素二维信息表(人口)

	代码	时间	名称	总户数	总人口	男性人口	女性人口	非农业人口
1								
2	110000	1995	北京市	3 657 007	10 769 800	5 467 721	5 302 079	6 980 364
3	110100	1995	城市四区	870 407	2 440 733	1 233 387	1 207 346	2 438 282
4	110101	1995	东城区	234 113	642 436	321 541	320 895	641 682
5	110102	1995	西城区	279 924	795 284	398 882	396 402	794 753
6	110103	1995	崇文区	157 180	432 935	217 415	215 520	432 452
7	110104	1995	宣武区	199 190	570 078	295 549	274 529	569 395
8	110105	1995	朝阳区	483 058	1 391 821	710 774	681 047	1 172 803
9	110106	1995	丰台区	257 605	758 659	386 051	372 608	601 058
10	110107	1995	石景山区	102 761	313 002	166 024	146 978	296 271
11	110108	1995	海淀区	445 944	1 433 410	739 629	693 781	1 289 199
12	110109	1995	门头沟区	82 473	244 759	128 150	116 609	149 186
13	110111	1995	房山区	244 350	754 817	381 554	373 263	247 186
14	110221	1995	昌平县	148 081	421 034	211 284	209 750	156 422
15	110222	1995	顺义县	172 650	540 604	267 061	273 543	88 141

表 3.4b 自然要素二维信息表(土地利用)

	代码	名称	水田	旱地	有林地	灌木林地	疏林地
1							
2	110100	北京市	114 631.09	287 249.41	434 759.75	948 740.56	435 031.38
3	110111	房山区	13 002.23	468 065.88	339 036.84	634 641.81	303 107.59
4	110221	昌平县	23 616.48	340 829.97	100 236.72	662 216.06	165 219.73
5	110222	顺义县	7 936.25	685 824.94	28 951.59	0.00	10 414.84
6	110223	通 县	20 319.42	620 407.44	6 243.94	0.00	1 071.18
7	110224	大兴县	2 955.80	722 665.25	28 443.59	0.00	447.63
8	110226	平谷县	1 631.10	335 327.22	174 870.00	110 273.73	236 006.53
9	110227	怀柔县	2 314.29	247 493.33	583 277.50	1 298 606.50	353 174.06
10	110228	密云县	237.25	393 215.34	931 396.94	489 292.19	350 571.69
11	110229	延庆县	3 829.10	444 970.41	445 461.16	1 190 964.88	274 887.94

这里的特征是指用于表达地理事件的行为、过程、结构、功能等一系列本质或现象的变量,主要包括:

(1) 时间特征:事件发生的时刻、持续时段和过程在时间上的可变状况及其时间单位。

(2) 空间特征:用于确定地理系统的空间存在范围,判明在空间结构上的特点及其事件的空间尺度等。

(3) 属性特征:包括物理性质(温度、降雨量等)和化学性质(大气成分、气溶胶含量、污染物含量等)等。

在人文要素空间化研究中,美国的社会经济数据与应用中心(Socioeconomic Data and Applications Center,即 SEDAC)将人口普查数据与卫星资料相结合,做出了美国 1990 年 1km×1km 人口分布数据库。其中的人口密度和居民点数据来源于 1990 年美国 10 年一度人口普查数据;有关土地覆盖特征的资料从 1990 年 NOAA AVHRR 多时相数据中得出。这些数据经过分析、融合,全部展布到 1km 网格上。2000 年 7 月,中国科学院知识创新工程将人文因素的量化和空间展布作为重要研究方向:在空间信息技术支持下,将统计型的人口、社会经济数据空间化,构建以遥感数据为信息源的中国人口、社会经济空间分布模型,生成了像元级(1km×1km)的逐年更新的人文因素空间数据。该项研究包括两个部分:①全国 1km 栅格人口要素空间数据库集成:通过分析我国人口分布的地域特征,在人口空间分布模型的支持下,利用现有的自然要素数据库数据和现有分行政区的统计数据为基本数据来源,对现有的统计型行政单元人口数据库进行空间化,实现 1km 栅格水平上总人口、劳动力数量的空间仿真模拟,形成具有统一空间坐标参数、统一数据格式、统一的数据和元数据标准的全国 1km 栅格人口数、劳动力数据库;②全国 1km 栅格社会经济空间数据库集成:研究我国社会经济发展的区域差异,分析影响我国社会经济发展的关键要素,参考现有的我国经济发展的区位模型,利用空间分析技术和现有的分行政区单元统计数据,对我国现有主要社会经济发展指标包括国民生产总值(GDP)、人均国民生产总值进行空间仿真,形成包含多种社会经济要素和指标的我国社会经济空间数据库及其元数据。

下面以人口数据为例,对相关的空间化的技术路线进行说明(图 3.14)。

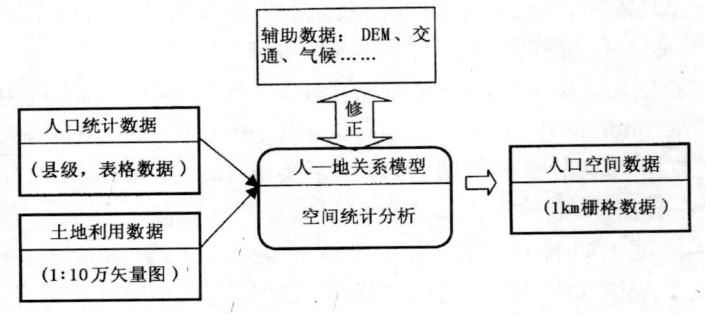

图 3.14　人口栅格数据生成的流程图

图 3.15 是利用上述思路制作的山东省 1km 空间网格的人口数据(1995 年)。

数字时代的司马迁

汉语词典中对"宇宙"是这样定义的:时间和空间的永恒。我们对客观世界的理解包括空间和时间两个方面:地球上的物体具有其位置;发生在地球上的事件,具有时间标识。因此,时间是空间数据重要属性之一。

在地理信息系统、遥感等空间信息技术的支持下,结合地面站点观测数据,可以获得某些时空多变要素在地球系统中的二维分布(地球表面)或三维分布(结合高程数据,如大气成分的垂直分

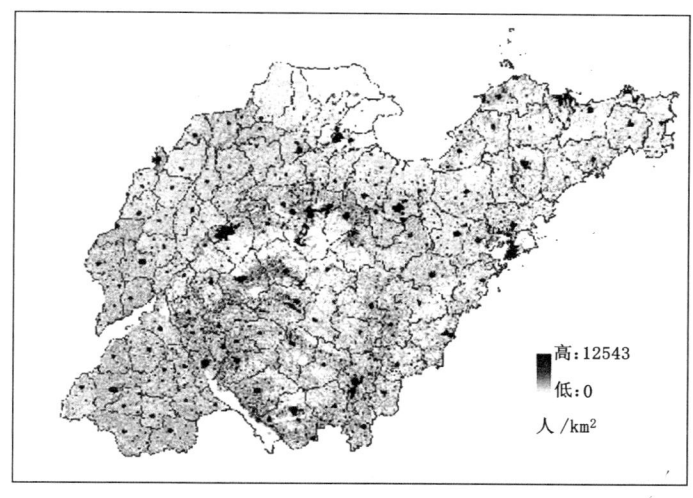

图 3.15　中国山东省 1995 年 1km 网格人口数据

布)。在时间方面,对于一些瞬时观测的数据,在长时间序列数据积累之上进行时间积分,可以获得某一时间段的气象参数值,描述在不同空间和时间尺度上气象、气候过程特征的变化。例如:从日气温计算气温的月度、年度变化等。

传统的地理信息系统只考虑地物的空间特性,忽略了其时间特性。在许多应用领域中,如环境监测、地震救援、天气预报等,空间对象是随时间变化的,而这种动态变化的规律在求解过程中起着十分重要的作用。过去 GIS 忽略时态主要是受器件的限制,也有技术方面的原因。近年来,对 GIS 中时态特性的研究变得十分活跃,即所谓"时空系统"。由于一切地学事实、地学现象、地学过程和地学表现,既包括了在空间上的性质,又包括了时间上的性质,只有同时把时间及空间两大范畴纳入某种统一的基础中,才能真正认识地学的基础规律。在应用需求推动下,传统的 3D 空间 GIS 正向四维的时空 GIS 拓展。

岁月留痕

时间像一条永不停息的河流，奔腾向海，不舍昼夜。人类文明的脚步，在地球上留下了不同程度的印迹，创造出只有在人类的活动下才能出现的地理现象，所谓"风行水上，自然成纹"。

人类的活动所引起的地理环境的变化是个逐渐演变的过程，这一演变过程只是在原始农业出现之后才日益明显和重要。据今所知，原始农业的起源至今将近一万年，距今一万年前在地质史上是第四纪全新世的开始，在考古学上则是由旧石器时代进入到新石器时代。气候的变化是地球系统演变的重要驱动力，我们身边的生态、环境随之不断改变。"沧海桑田"是对地球表面土地利用格局演化的最直接的记述。

GIS 的信息获取、处理和应用能力，为全球变化研究提供高分辨率的地表物质和能量时空变化动态的信息，长期观测气候因子的变化，分析气候变化的影响，可取得无数的数据，针对其中具有空间特性的部分，可利用 GIS 分析空间差异，观其变迁情形，探究造成变异的因果关系，藉视觉效果的呈现来形成概念。进而仿真环境变迁的历程，评估气候变迁的相关效应和影响范围程度。例如：可利用遥感与 GIS 的信息监测地表森林和草地覆盖面积的变化，为研究气候变化模型服务。

气候变化的时空特征

全球气候变化指的是气候现象、气候要素的时空波动情况，它包含多方面的内容，按照不同的出发点，可以分为很多种类型。为表达方便，我们从两个方面进行说明：

（1）气候变化的方式，包括

● 同一时间、全球不同地区气候现象（或气候要素）的展布特征。

● 同一地点气候现象(或气候要素)随时间的变化而变化的情况。

以太阳辐射为例,图 3.16 给出了对于特定的地点(40°N)太阳全球辐射和应用于光合作用的辐射能量在一天中的变化情况(7月1日,地表反照率 0.1、晴空)。

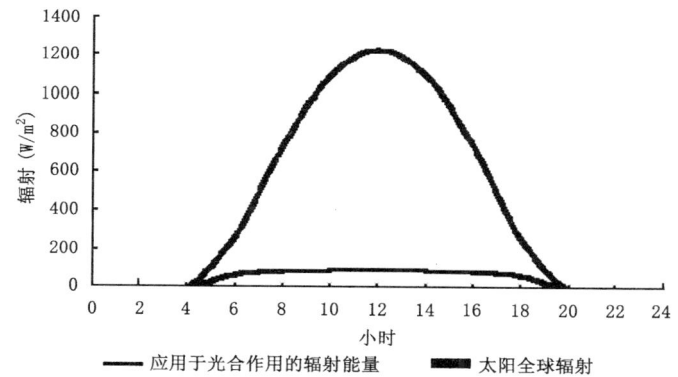

图 3.16　7 月 1 日 40°N 太阳全球辐射日变化情况(理论值)

(2) 气候变化的空间特征(白璧玲)

● 气候因子的空间分布情况的变化,如各地温室气体排放源与排放量变化、各地臭氧层厚度变化、淡水资源空间分布的波动等。

● 气候变化带来的生态、环境问题随地球纬度变化及地表海陆分布的不同,呈现出空间分异性。例如:

① 气温上升致冰河消融,雪水流向海洋,而海面亦因气温上升而膨胀,这些都导致海平面上升,海岸线迁移,沿岸环境变迁。

② 降水减少导致集水区河流流量与水质变迁,干旱亦使水域动植物产生变迁。

③ 气温及降水的变化,影响地表侵蚀与堆积等地形营力的作用,地貌因而产生变迁。

④ 气温及降水的变化,影响土壤成分及植物光合作用之速

率,使物种群落结构与分布产生变迁。

⑤ 酸雨导致土壤酸化,土壤生产力衰退,农地趋于沙化。

综上所述,全球气候变化直接或间接地表现为地理要素的空间位置变化,因此,GIS 与全球气候变化研究具有密切的关系,GIS 通过对地理信息的处理与分析,帮助人们准确把握全球气候变化的现状和趋势。

数字化的"史记"

英国作家威尔斯的《时间机器》中,人们可以通过时间机器浏览几个世纪以前的世界。在现实生活中,人们是通过语言文字的方式记载人类文明的演变。远在我国西汉,太史公司马迁以一部宏伟的《史记》,记载了"上计轩辕,下至于兹"(上自黄帝,下迄汉武帝时代),长达二千多年的历史,就空间之广度而言,以汉民族传统活动领域中原为主,而旁及于朝鲜、匈奴、大宛、西南夷、南越、东越等"四夷"之地。《史记》为我们了解中华民族发展进程提供了宝贵的资料。今天,面对全球变暖、CO_2 倍增、淡水资源减少、自然灾害加剧等全球性问题,GIS 及其相关技术就是太史公手中的巨笔,通过对历史气候数据和典籍的整理,以数字化、空间化的形势,记载世界气候变化过程,提供趋势预测分析方法和决策支持,"留得丹心照汗青"。

"以史为镜,可以知兴替",由于自然界和人类活动对自然的改变都处在运动之中,事物发展的阶段性表现为随时间推移矛盾激化、缓和、调整和再出现。这里时间是关键要素,是用以阐发事物发展不可或缺的坐标。因此研究事物的全过程,通过长时序历史资料的统计分析,有助于认识规律性和预见未来。历史气候资料是宝贵的财富,能够使我们研究的时间尺度从几十年拓展到几百、几千年,使我们高屋建瓴,更能把握气候变迁的实质。在 GIS 领域,地理信息具有时序和动态变化的特征。根据研究对象的不同,结合时间的尺度,可以把地理信息分为超短期的(如台风、地震)、短期的(如江河洪水)、中期的(如土地利用,作物估产)、长期的(如城市化,水土流失)和超长期的(如地理环境的变化,地壳变形)。

历史气候资料包括两部分内容:一是直接的历史气候数据;二是从相关的史籍中推测出的间接资料。我国古代是气象科学比较发达的一个国家。远在三千年前我国劳动人民就注意观测大气现象。到了春秋战国时期,随着农业生产的发展,人们的气象知识逐渐丰富,就总结出了二十四节气,并有人定期地记录风雪,进行物候与气象观测。用仪器观测是从东汉(公元132年)张衡制造信风器开始的,这比欧洲的候风鸡早了一千年;雨量器使用也比欧洲为早,在宋朝秦九韶所著的"数学九章"中有一算题就是计算雨量的,而欧洲到17世纪才使用雨量器;明太祖曾于鸡鸣山(即南京北极阁)上建立了观象台,台内有圭表、风向计、风信计等;明永乐末年(公元1424年)便颁发了统一的雨量器,命令全国各州报告雨量;清康熙时又命直棣(即今河北省)进行雨、风、雷等的观测;至公元1698—1699年,在福建厦门开始观测气温、气压、风、天气现象等气象要素。间接资料来源包括与气候有关的文献记载或生物学、地质学和地理物理学的现象(如树木年轮、湖泊变迁、海洋湖泊的沉积物、土壤断层、花粉记录、动/植物物候等)或考古发掘物。间接资料经推导、分析形成的代理气候资料;直接的历史气候数据可以经过整理、加工,赋予其空间特征(点、线或区域),转化到GIS数据库中,以便与GIS中已有的近代数据、现势数据进行叠加和综合分析(陈述彭等,1996)。

研究气候变迁的GIS称之为时空GIS系统。时空GIS主要研究时空模型,时空数据的表示、存储、操作、查询和时空分析。目前比较流行的做法是在现有基于三维空间的数据模型基础上扩充,如在关系模型的元组中加入时间,在对象模型中引入时间属性,刻画时间维的变化,并在这种扩充的基础上解决从表示到分析的一系列问题。时空 GIS 的一项重要功能是对地物的时间变换进行检测。时序分析的跨度可以是百年尺度、十年尺度、年际尺度等，主要受历史数据的限制。例如：Iverson 和 Risser（1987），Iverson（1988）利用从 1800 年开始的 witness trees 数据，与美国 USGS 的土地利用现势数据以及陆地卫星（Landsat TM）数据进行对照分析，以判断伊利诺伊州从殖民地开拓时代起的植被与土地利用的变换情况。

通常把 GIS 的时间维分成处理时间维（transaction time dimension）和有效时间维（valid time dimension）。处理时间又称数据库时间或系统时间，指在 GIS 中处理发生的时间；有效时间亦称事件时间或实际时间，指在实际应用领域事件出现的时间。根据处理时间和有效时间的划分，可以把时空系统分为 4 类：静态时空系统（Static ST System）、历史时态系统（Historical ST System）、回溯时态系统（Rollback ST System）和双时态系统（Bitemporal ST System）(Langran G.，1993）。

（1）静态时空系统：它既不支持处理时间，也不支持有效时间，系统只保留应用领域的一种状态，比如当前状态。

（2）历史时态系统：它只支持有效时间，这种系统适用于事件实际发生的历史对问题求解十分重要的应用领域，例如：建立长江流域水患历史时空数据库，包括历史上的水灾状况、防洪策略数据、相应的生态环境变迁等，在上千年的时间跨度上，进行历史原型实验，分析不同假设条件下的可能结果。"历史模型"增强了我们研究和解决与自然环境和社会经济有密切关系的某些宏观问题的能力。

（3）回溯时态系统：它只支持处理时间，这种系统适用于信息系统的历史对问题求解十分重要的应用领域。中国在利用多种代用资料进行历史时期气候重建研究方面取得了显著进展，如利用中国物候等历史文献记载重建的中国东部过去 2000 年冬半年温度变化等。葛全胜等在《过去2000年黄河与长江中下游冬半年温度重建》研究中指出,从百年际波动看,在过去2000年中,中国20世纪暖期的温度距平不但低于中世纪暖期后期温暖时段,也低于隋唐暖期。该观点不同于"20世纪是北半球过去1000年中最暖的世纪"这个以IPCC为代表的国际主流观点。这对正确认识因人类活动引起的温室效应与全球变暖等热点问题有着非常重要的意义。

(4) 双时态系统:它同时支持处理时间和有效时间。处理时间记录了信息系统的历史,有效时间记录了事件发生的历史。双时态系统的核心是利用历史数据解决现实问题,我国已故著名气象学家竺可桢先生,依据历史灾害的统计规律对古代气候演变规律进行研究,取得了令人瞩目的成果。例如:利用历史物候资料,可以确定农作物的物候历,与GIS中存储的气象要素(温度、降雨等)数据结合,可以得出诸如"华北冬小麦在生育期的积温一般都在2000~2200℃"等知识,以便指导区域农作物气象产量模型的构建。

第四章
GIS在全球变化领域中的应用

GIS为气候系统变化研究提供了有力的支持工具：在对气候数据进行有效管理的基础上，利用其强大的空间分析和时序分析能力，对气候现象和变化过程进行模拟、评价和预测。GIS在气候变化中的应用十分广泛，主要包括地表能量平衡研究、土地利用变化研究、荒漠化监测及农作物长势监测等。

它山之石，可以攻玉

全球气候变化研究是近年来国际研究的一个热点。全球气候变化问题涉及多种学科领域，是一个涵盖自然、社会、经济、人文等诸多方面要素的综合性问题。同时，各要素之间又是相互作用、相互影响的，包括：①自然条件和人文系统相互作用研究(如人类活动造成的温室气体增加与近百年全球变暖之间的关系、重要或敏感区域可持续发展问题等)；②自然要素之间的相互作用研究，如陆-气相互作用(包括陆-气耦合过程及陆面过程参数化等)、海-气相互作用(包括海-气耦合过程，

第四章 GIS 在全球变化领域中的应用

海洋对气候的调节等)、陆-海相互作用(包括陆地物质,特别是营养元素对海洋的输入及影响)。

多年的全球气候变化研究告诉我们,改进我们对气候系统过程的认识的先决条件是气候变化模式和相应的支撑数据。这里所说的支撑数据包括两类:一类是反映全球气候要素分布及其变化的数据,包括具有精确标准的反映周围条件的细微变化的数据,如陆地和海面温度、全球降水类型和降水量、全球陆地覆盖特征和生态系统动力学的变化等;另一类是支持全球过程研究的参数化数据集,这些过程研究如水与能量的平衡与动力学研究,全球生物地球化学循环研究,不同气候条件下的生态系统动力学研究,海-气间痕量气体交换过程的研究等。

气候信息处理和综合分析是气候变化研究的核心问题,包括海量数据的存储、多源气候数据的综合分析、气候演化模型等。人类可持续发展的紧迫性和气候变化研究的复杂性,对气候系统的研究方法和处理手段提出了更高的要求,传统的半手工、半计算机辅助的手工作坊式工作方法已远不能满足实际需要。"它山之石,可以攻玉",随着科学自身的发展,淡化学科与学科之间的严格界限是目前的发展趋势。多学科交叉、碰撞和渗透,将为全球变化问题的解决发挥重要作用。空间信息科学与计算机技术的完美结合,为我们提供了一种切实有效的信息工具:地理信息系统(GIS)。

顾名思义,地理信息系统天生就是为空间信息的处理、分析服务的,它与气候变化研究有关的主要功能包括以下几个方面:

(1) 数据输入与存储:包括气候数据的输入、编辑等以及多源信息的综合处理。

(2) 数据检索、查询:对各种专题数据(如温度、气压、降雨等)进行检索、查询,GIS 根据用户设定的条件搜索符合要求的信息。在 GIS 支持下,可以实现地物的空间信息与属性信息的双向查询,如根据空间位置,查找位于该位置的地物的属性特征;或依据一定的属性特征,查找其空间位置信息。

(3) 气候信息的可视化显示与成图:GIS 能够以二维或三维地图的形式,展示气候要素的空间分布,并连接空间信息与属性表格、统计图表、遥感影像等,用户按照自己的任务需求,制作相应的专题图件。除屏幕显示外,GIS 的信息输出方式包括绘图机、打印机等。

(4) 空间分析:GIS 并不只是制图、显图的工具,事实上,空间分析的功能才是 GIS 的核心。透过关系型数据库的转换连结,GIS 可对图上物体的属性数据执行分类、比较、计算,并透过坐标资料的连结,将不同主题的地图层层套叠,进行更为复杂的分析模型。空间分析的价值在于通过对气候系统各个方面的研究成果进行综合,获取新的概念,并将原有认识水平提高到一个新的高度。

(5) 决策支持:在决策支持方面,GIS 可以让决策者进行空间分析,对区域的和全球的气候变化进行评估。气候变化的机理及影响十分复杂,GIS 为之提供信息图,并通过对大量场景的仿真,对可能出现的现象进行检验,为相关决策提供信息支持。

总之,GIS 可以管理复杂的空间信息,对气候的时空变化进行模拟,对现势进行评价,并预测将来的变化趋势。

数 据

科学的研究需要科学的数据来支撑。气象资料也是气候变化、生态环境、资源利用等多学科研究课题不可缺少的基础性数据资源。第一手数据对全球环境变化研究是非常重要的,如果第一手数据有问题,那么下面的所有分析和预测都将是建立在沙滩上的空中楼阁(Houghton J. ,2001)。气象资料是国家基本信息资源的重要组成部分,是国家宏观决策、经济发展的重要支撑,是实现可持

第四章 GIS在全球变化领域中的应用

续发展、科技创新的基础性数据资源,在国家安全、防灾减灾、环境保护和国民经济的许多重要部门中发挥着不可替代的作用。在传统的工作模式下,气象站等气象资料的整编、审核、统计主要靠手工完成,不仅耗费大量的人力物力,而且准确度也受到影响。GIS的引入可以很好地解决现有问题。下面从多源数据整合、空间信息查询、数据更新等方面,具体介绍GIS的数据处理功能。

(1) 多源数据整合

气象资料可分为天气资料和气候资料。天气资料主要是为天气分析和天气预报提供服务,具有很强的时间性,要求观测到的资料即时传输处理。天气资料过后一定时间,经一定处理后可成为气候资料。气候资料主要是为气候分析研究提供服务,时间上没有严格地要求,可滞后传递处理的资料。随着近代科学技术的发展,天气、气候研究内容不断扩大和深化,气候资料的概念和内涵已远远超出人们通常所认为的常规观测资料的范围,而应包括整个气候系统,即大气圈、海洋圈、冰雪圈、陆地和生物圈的有关资料。

一般来说,气候资料包括下列几种类型(宋长春等,1998),见表4.1。

表4.1 气候资料的主要类型与内容

序号	分类	圈层	数据内容
1	高空资料	大气	气压、温度、风向、风速、湿度、水汽含量
2	地面资料	大气-陆地	降水(雨和雪)、温度、气压、风向风速、蒸发、雪(覆盖、类型、深度、含水量)、水汽含量、日照、辐射、天气现象
3	海洋面和水下资料	海洋	海面风、温度、海表温度、海-气温差、海水温度与盐度廓线、海流、蒸发、降水
4	冰雪圈资料	海洋-陆地	冰川、大陆冰层、海冰边界、海冰覆盖、厚度、溶解与漂浮、雪覆盖和含水量
5	辐射收支	大气-陆地	有关的覆盖、类型、高度、厚度或光学厚度,行星辐射收支分量,太阳常数紫外线通量、地面反照率、地表辐射、红外辐射,陆地和冰面温度

续表

序号	分类	圈层	数据内容
6	大气成分	大气-陆地	CO_2、O_3 及其它辐射性活动气体、甲烷、痕量气体,平流层 H_2O 和气溶胶,对流层气溶胶、浑浊度、污染,大气与降水化学
7	水文资料	陆地	地面水(河、湖、水库—水流沉淀物输送/沉积,水的物理和化学性质及温度、冰覆盖的性质和范围),地下水(水位高度、温度)
8	土壤与植被资料	陆地	蒸发/蒸散,植物水应力,地表及不同深度的温度、湿度,植物覆盖及变化

地理现象的空间分布,有的是离散的、不连续的,例如:火山口的分布、居民点等。而另一种则是连续变化的,如地表温度、气压等。而连续分布的地理现象的分布情形可以有平滑分布与不平滑分布之别。要精确的描述整个空间或地理现象,我们必须对空间对象的某些值进行量测及描述(此即为其属性),一般常用的分类方式有四种(Clarke K.,2001):

分类性资料:只讨论其资料质的部分,而与数量无关。

有序的资料:可以将它们依序自大而小,或是自小而大的加以排序。

间距性的资料:在这一类的资料中,除各类别之间有分类、有排序之外,不同的分类之间的间距是假设为相等的。

比例性的资料:如以水平面为准的高度、降水量等。

在 GIS 的支持下,可以将上述众多的气候数据、各种分布特征进行整合。同时,GIS 可以方便地进行气候数据与其它自然要素数据以及人文的整合。基于 GIS 的不同类别气象信息的空间表达如图 4.1 所示。

(2) 检索、查询

GIS 是一个称职的空间数据管理工具。在 GIS 支持下,可以实

第四章 GIS 在全球变化领域中的应用

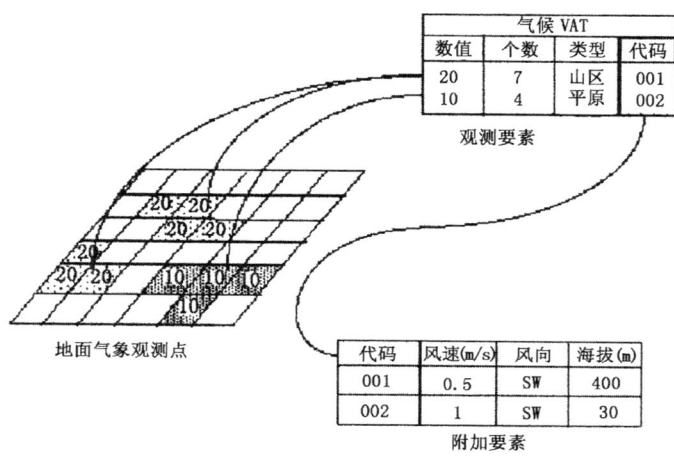

图 4.1 基于 GIS 的不同类别气象信息的空间表达

现地物的空间信息与属性信息的双向查询,如根据空间位置,查找位于该位置的地物的属性特征或依据一定的属性特征,查找其空间位置信息(图 4.2)。

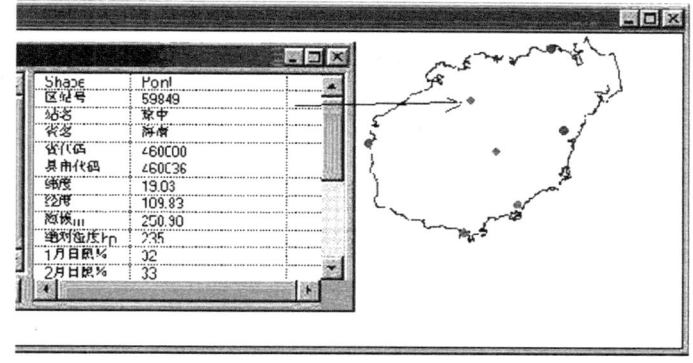

图 4.2 GIS 支持下的空间信息－属性信息双向查询

在图 4.2 中,矢量地图显示的是海南省界,其中的圆点表示气象站的位置。在左侧的属性表中,给出了该气象站点的站名(图上显示的是琼中)、代码、位置(经、纬度)、海拔等基本信息以及气象观测信息:绝对湿度、月度的日照百分比。

(3) 数据更新

国际地圈－生物圈计划(IGBP)认为:全球尺度环境数据集的获取、处理、操作和归档管理是 IGBP 科学计划成功的关键。为此,IGBP 建立了以数据和信息获取、处理与分发为目的的 IGBP-DIS(数据与信息系统)计划,对核心计划的执行提供数据和数据处理方法支持。随着空间信息技术的不断发展,遥感、全球定位系统(GPS)已成为气候变化研究的重要数据源。这两种技术与 GIS 的结合(有的学者习惯地将三种空间信息技术统称为"3S"技术),为气候数据的动态更新提供了解决途径。

全球定位系统为地理数据提供准确的定位信息,包括经、纬度和高程。全球定位系统所采用的方法是三角定位法,而在空中总共有 24 颗卫星可供定位之用。由电波传送的速度及电波传送的时间,可以计算出电波发射点(卫星)到电波接收点(接收器)间的距离。由于这个数据可以算得很准,因此,其定位效果便相当准确,更重要的是,它可以提供三维空间的定位能力。

遥感是一种远离目标,通过非直接接触而测量、判定和分析目标性质的技术。任何在绝对温度零度（$-273.16\ ℃$）以上的物体,都具有反射、吸收和辐射不同波长电磁波的特性,这是物体的基本特性。相同的物体具有相同的波谱特征,不同的物体,其波谱特征也不同。人眼就是利用这一特性,在可见光范围内识别各种物体的。遥感技术也正是基于同样的原理,用搭载在各种遥感平台（飞机、卫星）上的传感器（照相机、扫描仪等）接收电磁波,根据地面上物体的波谱反射和辐射特性,识别地物的类型和状态。

GIS 是整合遥感、GPS 数据和地面资料的工具。如果将传统

第四章 GIS在全球变化领域中的应用

的各种调查、观测、统计数据，理解为对地球系统"自下而上"的描述，那么遥感、GPS数据，则可认为是对地球系统"自上而下"的表达。GIS将"自下而上"和"自上而下"的数据融合、加工，形成对地球系统的全息的认识。

基于3S技术的气候数据更新已得到广泛的应用。在国际地圈—生物圈计划开展初期，就启动了IGBP-DIS计划，并确定了利用野外定点研究和遥感数据处理相结合的数据的焦点行动（IGBP REPORT 8，1989年）（IGBP REPORT 12，1990年）。IGBP-DIS的主要目标在于：通过在数据政策和填补现存的数据鸿沟中起到领导和协调作用，以影响、帮助IGBP核心项目的开展。通过多年的努力，IGBP-DIS现在已涉及遥感和非遥感数据类型，其数据集的开发行动现已形成了如下数据集：每10d的全球1km植被指数数据集（NOAA，EDC），1998年完成；全球1km土地利用数据集（EDC），1997年完成；全球土壤图，分辨率为5分栅格，1997年完成；另外，IGBP-DIS还完成了全球陆地生物量、全球湿地数据、全球林火数据等空间型数据集，并开展了数据处理和数据分发行动。我国的资源环境研究领域是应用遥感、GIS技术最早的领域之一，中国科学院遥感应用研究所从"六五"期间的天津土地利用现状遥感调查到"七五"期间的西藏自治区土地利用遥感调查使遥感技术在国土资源环境方面的应用进入实用化阶段，并在西藏土地利用现状遥感调查中全面应用关系数据库进行调查汇总数据的管理，建立了西藏土地利用详查数据库，而大规模使用GIS技术建立用于对资源环境调查所获取的空间和属性数据进行存储、分析、管理、查询检索、制图则主要始于"七五"末期，在"八五"期间，中国科学院组织实施了"中国资源环境遥感宏观调查与动态研究"项目。利用遥感技术快速获取了我国土地资源数据，在本项目的基础上，利用中国科学院历年来在资源环境领域的研究积累，建成了基于地理信息系统（ARC/INFO）的我国资源环境领域的首个空间型数据库"中国资源环境数据库"(李德仁等，1998)。

空间分析方法

空间分析是 GIS 的标志性功能，是 GIS 区别于一般的管理信息系统(MIS)或计算机辅助制图系统(CAM)的主要特征。"空间分析"是对地理数据进行处理的总称，包括数学分析、计算、可视化、简化和模型化等。根据作用的数据性质不同，可以分为：

(1) 基于空间图形数据的分析运算。
(2) 基于非空间属性的数据运算。
(3) 空间和非空间数据的联合运算。

空间分析与一般分析方法的不同之处在于，它强调的是事件(如森林大火)或参数(如地面温度)的时空变化。具体的方法简单的如两个地物之间的空间距离的量算，复杂的像气候变化过程的数值模拟。在 GIS 的帮助下，原本复杂的计算变得便捷易行，复杂的问题变得清晰明了。

在气候领域，空间分析的客体是气候现象或相关的地物，如河流、山地等，我们笼统称之为"空间对象"。为了对空间对象进行准确描述和表达，同时与人们的思维方式一致，易于为人们所理解，GIS 引入了计算机程序设计中的面向对象(Object orient)思想。面向对象技术用对象(实体属性和操作的封装)、对象类结构(分类和组装结构)和对象间的通讯来描述客观世界，为描述复杂的三维空间提供了一条结构化的途径。这种技术本身就为模型的定义和表示提供了有效的手段，因而在面向对象 GIS 基础上研究面向对象的模型定义、生成和检验，应当比在传统 GIS 上用传统方法要容易得多。基于面向对象思想的空间分析主要包括区域分析、点模式分析、空间回归分析、地理统计、统计推理等，各种方法的内容和特征见表 4.2。

表 4.2 支持气候变化研究的 GIS 空间分析方法

空间分析类型	典型技术方法	期望的目的
点模式分析	聚类分析	基于点源数据(主要是气象台站、环境监测站等的监测数据)的气候要素空间展布模式
区域分析	差异性分析、关联分析	气候要素和气候现象在不同区域表现出的特征
空间回归分析	空间相关性分析	在空间位置(如经、纬度)基础上的空间对象相关性
地理统计	距离加权、克吕格法	空间对象的极值、均值、变异性等
统计推理	主成分分析、外推	推导出隐含于表面现象之下的规律、模式、特征

沿着时间轴漫步

时间和空间是人类理解和概化其生存环境的最基本概念,例如:对一次台风事件,除要知道它的发生地点外,更要了解其发展、变化趋势,以便采取相应的应对措施。因此,对于 GIS 而言,不仅要利用空间分析(上面所述)获得地面目标的空间位置特征,而且应当利用时间序列数据,分析空间中的事件与地物之间的关系(图4.3)。时空 GIS 的目标是理解气候的变化以及这些变化所产生的影响,而不仅仅是对一个个不连续现象的罗列。

Langran(1993)指出,一个时间 GIS 需具备以下功能:

(1) 记录。对研究区存储完备的描述信息,并考虑物理世界和计算机存储两方面的变化。

(2) 分析。阐述、揭示或预测研究区地理现象和地表过程。

(3) 更新。用现势信息对过时的信息进行更新。

(4) 质量控制。评价新的数据在逻辑上与前期版本和状态是否一致。

(5) 演示。生成静态或动态的地图,或数据表,展示研究区时

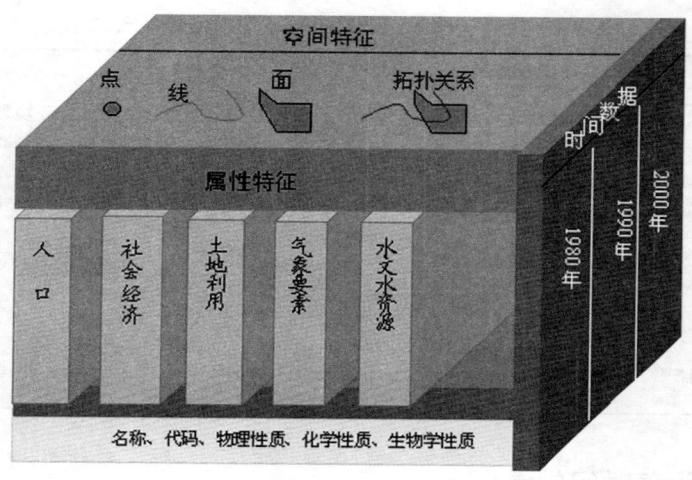

图 4.3　GIS 数据的空间特征、属性特征和时间特征

序变化。

对于一个气候现象(如台风灾害)来说,其时间属性包括两方面的内容:①该事件发生的时间点;②事件持续的时间。气候现象的发生、发展总是与空间位置密切相关的:在同一时间,不同地区气候现象的性质大相径庭。如图 4.4 所示,在某月某号台风登陆我国东南沿海,对于这样的事件,在某一时间,不同地区记录的情况是不一样的(表 4.3)。

表 4.3　气候现象的时空变化(以台风为例)

地点	观测点位置		观测时间	现象简单描述
	经度	纬度		
台南	120.36	23.04		已受台风袭击,已转移
广州	113.32	23.13	某年某月 11:30	正受台风袭击
海口	110.35	20.03		将受台风袭击

英国著名物理学家霍金在他的名著《时间简史》中指出,地球

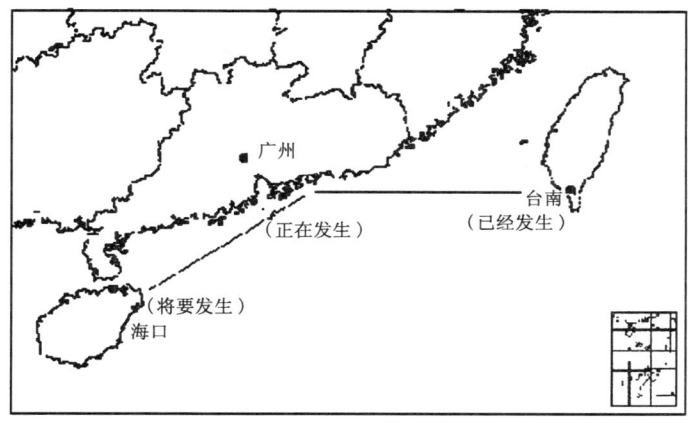

图 4.4 气候现象的时空变化示意图

上发生在我们身边的一个个事件,在时间轴就是一个个点。从这个意义上来说,气候变化实际上就是气候现象沿时间轴的演变过程。Frank,(1998,taxonomic model)关于时间轴有两种表示方法:直线型(图 4.5a)和循环型(图 4.5b)。

时间轴的两种表示方法分别适用于表示两种气候现象:直线型适用于表示渐进的、无明显周期性的事件或过程(如近 20 年来我国北京市冬小麦的单位面积产量的变化)(图 4.6)。

循环型适用于表示具有周期性的现象(如气温的年际变化等)(图 4.7)。

由图 4.7 可以看出,对于同一地点,月平均气温在一年内有一个上升、下降的过程,不同年份的情况基本类似,因此,多年(此处为二年,以 1991 和 1992 年为例)的月平均气温曲线呈明显的周期性波动。

专业应用模型与 GIS 的耦合

在气候研究的各个领域,都有多年积累的专业应用模型,要想使得 GIS 在气象领域大有作为,就必须使它与专业应用模型结合

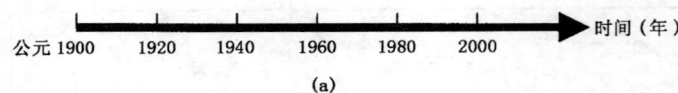

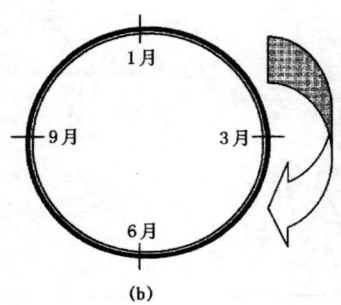

图 4.5　时间轴
（a 为直线型；b 为循环型）

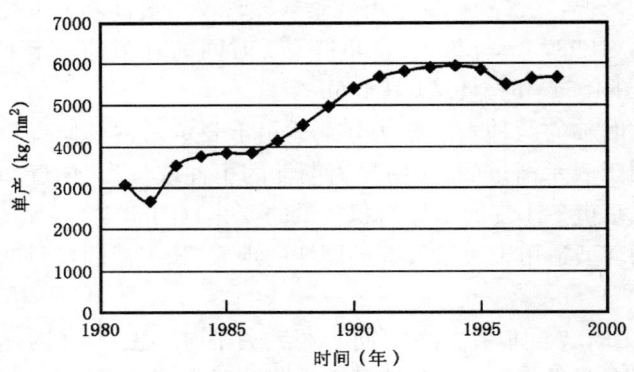

图 4.6　20 年来我国北京市冬小麦单位面积产量的变化

起来,真正为解决气候问题而使用。因此 GIS 应用的成功与否,关键在于是否建立了该领域特有的空间分析模型,并且支持面向用户的空间分析模型的定义、生成和检验的环境,支持与用户交互式的基于 GIS 的分析、建模和决策。

第四章　GIS在全球变化领域中的应用 · 109

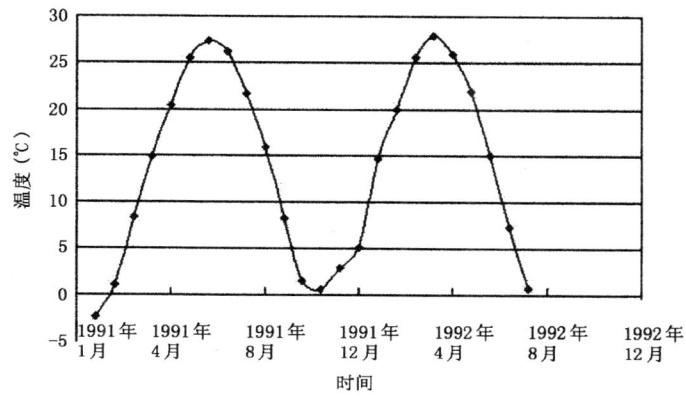

图 4.7　循环型气候现象
（河南省安阳市月平均气温的年际变化）

GIS 与专业模型和专业知识库的结合,是气候应用领域面临的一个非常实际的问题,即存在 GIS 之外的模型和知识库如何与 GIS 耦合成一个有机整体。目前,实现通用 GIS 空间分析功能与各种领域专用模型的结合主要有两种途径:

(1) 基于数据交换的松散耦合式,即 GIS 与专业模型相对独立,专业模型由其它外部软件实现,二者之间在一定的规范和协议支持下,采用数据通讯的方式进行联系(图 4.8)。从总体上说,此种结合方式实现简单,技术要求低,但对用户定义自己的专用模型的支持程度不够,在处理一些复杂的气候问题时往往显得力不从心。

(2) 基于组件的嵌入式结合,即利用组件开发技术,将专业应用模型封装成一个组件,作为 GIS 系统中的一部分。GIS 的通用功能组件与应用模型组件具有公共的数据环境和操作平台,并以统一的用户界面与用户进行交互(钟耳顺等,1999)。这种方法的优点在于充分利用 GIS 的空间分析功能,支持应用问题的数据集定义、模型定义、模型生成和模型检验等整套过程(图 4.9)。

110 · 地理信息系统及其在全球变化研究中的应用

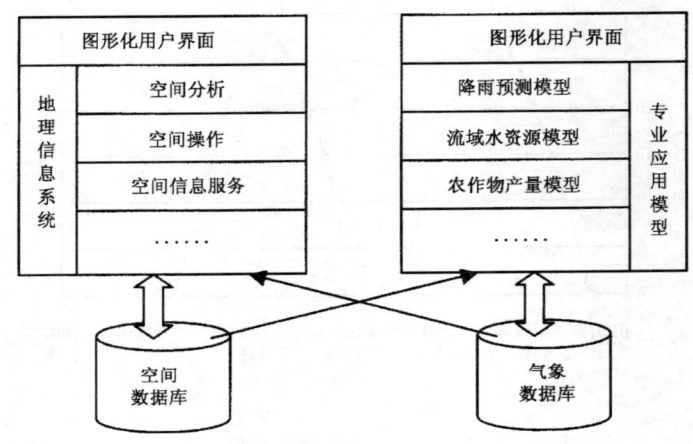

图 4.8 基于数据交换的松散耦合式结合

上面讨论了 GIS 与专业模型的结合方式,即在 GIS 的支持下,将专业模型空间化。这只是 GIS 在气候专业模型方面应用的一个方面。GIS 还可以为气候模型研究提供更深层次的贡献——实现全球气候模型与区域气候模型的耦合(图 4.10)。

我们知道,全球变化研究是建立在全球意义上的,建立全球气候模型是我们的首要任务,然而地球环境是那么广袤无垠,世界上不同区域具有独特的区域环境背景和人文特征,因此区域气候模型也是研究中不可或缺的部分。在 GIS 尺度转换功能的支持下,可以实现全球气候模型与区域气候模型的多层次耦合:数据级(区域气象要素数据到全球数据)、模型结构级(区域结构到全球结构)和知识级(区域机理到全球气候变化机理)。

GIS 在全球变化中的应用

GIS 在全球变化领域的应用极为广泛,主要包括在气候及其

第四章　GIS 在全球变化领域中的应用 · 111

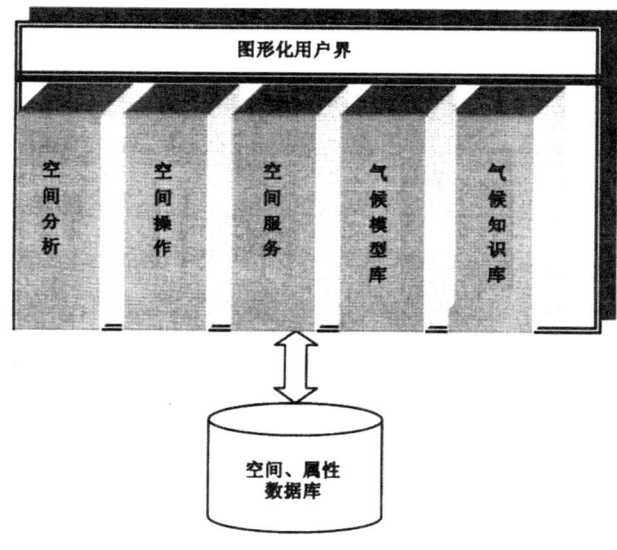

图 4.9　基于组件的嵌入式结合

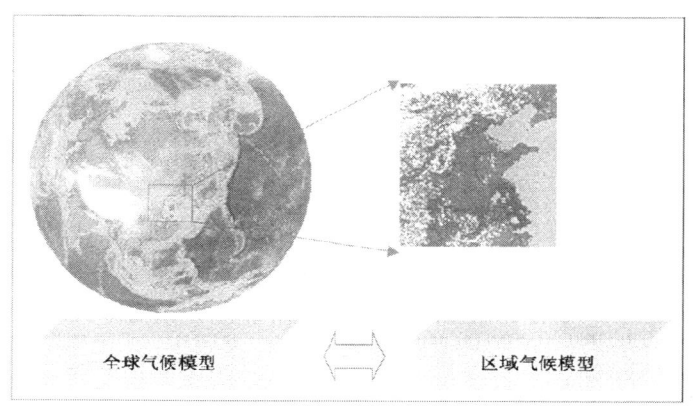

图 4.10　全球气候模型与区域气候模型的耦合

它相关领域(土地利用调查、农作物监测等)的应用。

将地理信息系统应用于气候领域,主要是利用其强大的空间数据分析能力和时序综合能力,可以发现气候要素的空间分布差异,模拟气候变化过程,并对未来的可能发展趋势进行预测,为人们应对气候变化策略的形成提供决策支持。从气候变化研究的不同角度,可以将地理信息系统的应用概括为以下类型。

(1)气候变化及影响情况监测:GIS汇集大量的气候状况现势数据,通过分析整理,对当前气候状况进行评价;利用遥感数据提供的大范围影像信息,更新气候数据库,对气候状况做实时、准实时的动态监测。同时,建立气候历史数据库,通过对不同年代数据的对比分析,回溯气候变化的历史情况,在相对较长的时间尺度上,研究气候变化带来的影响,例如:海温变化与鱼群变化的关系,海岸线变迁与沿岸植物带移动的关系,干旱与水域植物生长的关系以及各地各部门温室气体排放量的长期变化情形等。

(2)气候变化及影响情况的预测:建立气候变化仿真模型,预测气候变化的趋势,在此基础上,估算在未来一定时段内,这种气候变化趋势对世界上不同地区的影响,为人们提供长期规划的依据,并对可能出现的灾害性影响进行预警。例如:全球变暖、冰川融化后,海平面上升将淹没之地区;CO_2倍增对全球第一生产力(或农作物产量)影响的区域差异,预测气候变化对各地区特定生态区结构的影响。

(3)评估潜在空间适宜性与敏感度:根据气候现势资料,结合历史数据,评价各区域生态环境状况,在空间适宜性和敏感度方面进行探讨,从而确定适宜的资源利用方式和生态系统保护方式,例如:划定各种用途的生态保护区;为了改善我国西部地区的生态环境状况,在气候适宜性评价的基础上,确定退耕还林、还草的范围和力度等(白璧玲)。

"世上本没有路,走的人多了,也便成了路",GIS从最初引入到气候领域只有短短的一二十年,然而经过各国专家、学者的共同努力,GIS 应用的深度和广度不断拓展,取得了不少令人鼓舞的成果,现将其中有代表性的研究情况叙述如下。

能量与水平衡监测

在地球表层,土壤、大气和植被共同构成了生生不息的 SPAC 系统,其中水是 SPAC 系统的血液,太阳能是 SPAC 系统的动力源泉。中荷合作项目"中国能量与水平衡遥感监测系统"(CEWBMS)以系统工程理论为指导,将传统的地面观测资料与卫星遥感信息相结合,深入研究 SPAC 能量流动与物质转换的机理,揭示陆地水循环、能流转换过程,对中国能量与水平衡进行实时监测,为生态学、水文水资源学、大气科学等领域的研究,提供大范围、高时间分辨率的能量与水平衡产品,为各学科的专业模型参数的量化提供新的技术手段。

陆地表层的能量分配与水平衡状况可以用能量平衡方程和水平衡方程来表示(江东等,2002):

(1) 能量平衡:太阳全球辐射(I_g)经过大气的散射作用后到达地物表面,实际为地表所利用的那部分太阳能量称为净辐射(I_n),它们是地表能量平衡方程的关键变量。

$$I_n = H + LE + G \tag{4.1}$$

其中 I_n 为地表净辐射通量(单位:W/m^2);H 为地表至大气的显热通量(单位:W/m^2);LE 为地表至大气的潜热通量,即以能量为单位的实际蒸散(单位:W/m^2);G 为由地表进入土壤层的热通量(W/m^2)。

(2) 水平衡:

$$P = E + I + R \tag{4.2}$$

其中 P 为降水量;E 为蒸散(地表蒸发+植被叶面蒸腾)量;I 为地表入渗量;R 为地表径流。

通过以上描述,我们对地表能量平衡和水平衡有了总体上的

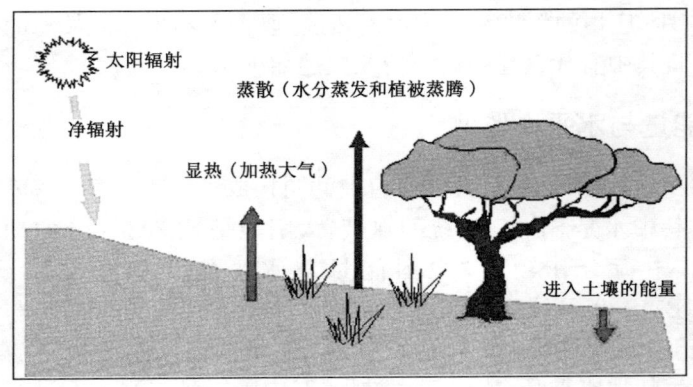

图 4.11 地表能量平衡示意图

图 4.12 地表水平衡示意图

认识。为了对它们进行全方位的监测,必须能够快速获取大范围的能量和水要素的信息。在研究中,科学家将遥感与 GIS 相结合,成功地解决了这一问题。

首先,利用气象卫星获取云层、地表信息。这里最好的选择是静止气象卫星,它们位于赤道上空 36 000km 左右,与地球同步,因此可以持续获得特定区域的空间信息。例如:我国气象部门常用的是日本的静止气象卫星 GMS-5 或我国新发射的静止气象卫星风云二号,其中风云二号定位于赤道上空 105°E,GMS 为 140°E。本系统实时接受该卫星多通道扫描辐射计 VISSR 的信号,由可见光波段(VIS)测得的地面反射率,使得对地面吸收的太阳能量的估算成为可能(图 4.13);热红外波段(TIR)可以评价地面吸收的太阳能量中显热和潜热所占的比例,而潜热反映了水分的蒸散。

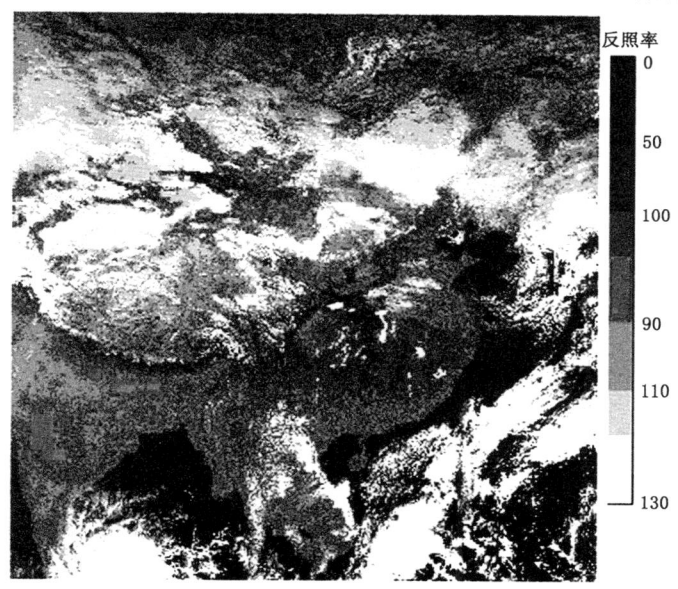

图 4.13 静止气象卫星 GMS-5 影像
(可见光波段,2002 年 12 月 23 日)

有了 GMS 等气象卫星资料,在 GIS 的支持下,将遥感信息与地面观测的气象信息(实际降雨量、太阳辐射等)进行综合分析,可以建立能量与水平衡模型,根据模型的输出结果,对地面能流交互过程进行监测和分析。系统的工作流程如图 4.14 所示。

系统的运行结果是生成多种地表关键参数,以小时为基本时

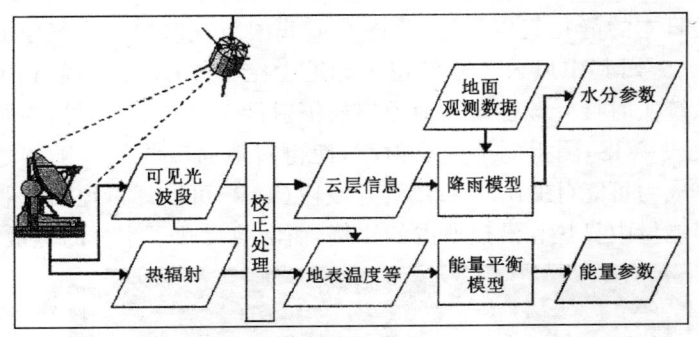

图 4.14 能量与水平衡监测系统工作流程

间单位,可以进一步合成天、旬、月、年度等不同时段间隔的时间序列数据。系统的标准产品见表 4.4。

表 4.4 CEWBMS 标准产品一览表

产品类别	参数	数据文件代码	单位	时间分辨率	空间分辨率
能量	全球辐射	*.GRD	W/m^2	d	5km×5km
	净辐射	*.NRD	W/m^2	d	5km×5km
	反照率	*.ALB	%	h	5km×5km
	显热通量	*.SHF	W/m^2	d	5km×5km
	1.5m 气温	*.ATT	K	h	5km×5km
	地表温度	*.LST	K	h	5km×5km
水	降水	*.PRT	mm	d	5km×5km
	潜在蒸散	*.EPO	mm	d	5km×5km
	实际蒸散	*.ETA	mm	h	5km×5km
	相对蒸散	*.RET	%	d	5km×5km

能量参数包括温度、反照率、太阳辐射等。温度是一个重要的水文、气象参数,它影响大气与地球之间显热和潜热的交换,温度资料,尤其是大的时间尺度和空间尺度上的温度资料,对许多应用领域都有重要的价值。系统的水分参数包括两个方面:大气降水和地面蒸散。

系统生成的各种能量与水平衡产品,可以广泛应用于 SPAC

系统及与之相关的资源、环境、生态等领域。项目组本身也开发了多种应用示范系统,目前已经投入运行的有农作物长势监测与估产系统 CMS(运行单位:中国科学院地理所)、中国荒漠化监测系统 CDMS(运行单位:国家林业局荒漠化监测中心)、黄河流域水资源监测系统 HWMS(运行单位:水利部水利水电科学研究院)等,均取得了较好的应用效果。

水文、水资源

水是人类赖以生存和发展的重要物质基础,也是制约人类社会发展的重要因素。随着我国社会经济的发展,城市化水平的提高和城市人口的不断增加,对水资源的需求与日俱增,城市水资源供、需矛盾日益尖锐。合理开发利用地下水资源与保护自然环境,对地下水资源进行科学、高效的管理,是解决这一问题的关键。因此,地理信息系统在水资源领域最直接、最成熟的应用就是水资源管理与优化配制。利用 GIS 软件,建立一个功能强大、实用性能良好的水资源信息系统,以改善和提高水资源管理工作的效率、质量与科学决策水平,是水资源管理领域学者和现场管理工作者关心的热点。GIS 空间信息框架下的流域水资源管理示意图如图 4.15 所示。

在水资源管理方面较为著名的有美国田纳西流域的水资源管理系统,通过对各种水资源数据信息的自动监测、采集、传输、预警预报、决策支持、工程自动控制等,实现了流域(区域)水资源的优化配置和实时调度。同时还与收费系统相结合,做到自动收费。其它的如英国伦敦城市供水实时监控调度系统,通过利用 GIS 技术、计算机网络技术等,对伦敦地区 600 万人口自来水供给中的水量、水质实行实时监控调度,监控范围包括供水水库、地下水源、自来水厂、供水管网系统等,实现了全面数字化管理。GIS 在供水系统、污水处理系统、跨流域调水管理系统、灌区优化配水管理系统

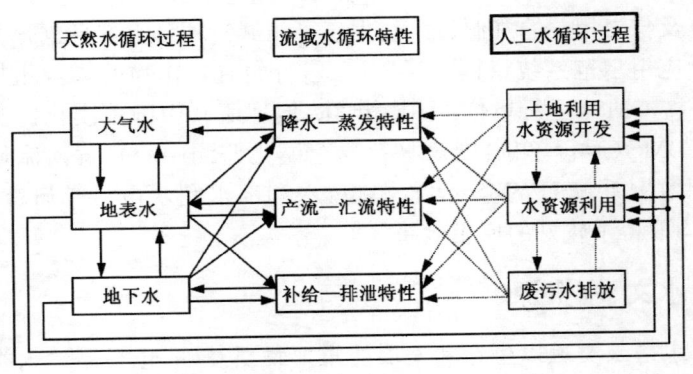

图 4.15 GIS 空间信息框架下的流域水资源管理示意图

等方面均有建树。图 4.16 给出了以 GIS 软件 MapInfo 为集成平台的城市地下水资源管理系统结构图。

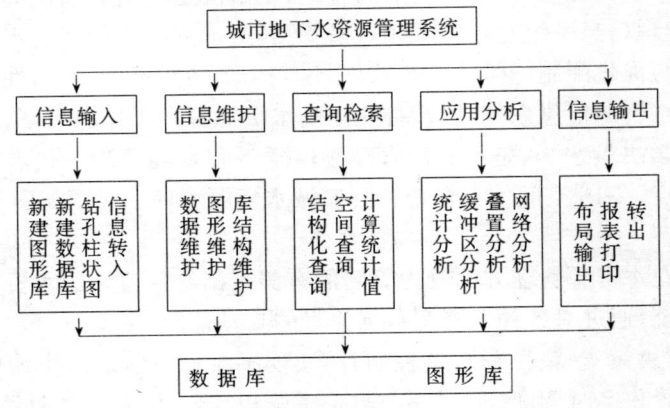

图 4.16 城市地下水资源信息系统结构图

系统由五个主要模块组成,分别负责信息输入、维护、查询检索应用分析和信息输出功能。

(1)信息输入模块:用户通过这一模块输入信息,系统的图形库支持各种图形输入方式,概括起来有四种:数字化输入、自动扫

第四章　GIS在全球变化领域中的应用

描输入、计算机自动绘图以及其它系统图形数据的转入。

（2）信息维护模块：用户通过这一模块对数据库和图形库中的数据进行编辑。GIS的图形库具有强大的图形编辑功能，可以满足不同用户的图形编辑需要。用户通过信息维护功能模块，可以修改、增加和删除地图元素（点、线、面）或整个图形对象，还可以对图形进行分割、旋转及相互转化等操作。

（3）水资源信息查询检索：系统充分发挥集成系统对数据的综合管理能力，开发了功能强大的查询模块，用户可以通过一个SQL查询对话框同时对数据库和图形库中数据进行查询，另外还提供了方便快捷的查询工具，使对具体空间对象的信息查询简单到只需点击对象即可完成。

（4）水资源管理与应用分析：用户可以根据实际需要，结合数据库中的数据，在GIS软件强大的空间分析（如叠置分析、缓冲区分析、统计分析等）和空间操作（旋转、缩放、投影变换等）功能的支持下，完成各种应用分析，为城市地下水资源的评价、管理和决策服务。

（5）水资源信息输出模块：可以根据用户的需要，把分析结果以数据、表格、报告、专题图件等形式，在屏幕上显示，或输出到打印机、绘图仪上，或存储在磁盘、磁带上。

防洪预警是水利工作的重要任务，GIS也在这一重要领域大显身手。目前，我国主要大中型水库和重要水域、供水水源地等先后建立了信息采集、传输、预警预报和调度、信息管理等系统，为我国的防汛和水资源调度、日常管理等工作提供了及时、可靠的技术支持，收到了显著的社会效益和经济效益。地理信息系统技术与全球定位系统、遥感结合，可以对洪涝灾害进行监测，对洪涝灾害的发展趋势进行预测预报，而且，应用GIS的空间统计和分析功能，可以将社会经济信息、人口信息等与洪水淹没区信息叠加，圈定受灾范围，并对灾害的损失进行客观、准确的估算。

土地利用/土地覆盖

人类在地表上与环境产生互动,适应环境、利用环境或改变环境,而许多的人-地互动过程及结果都呈现于地表上,因此,土地利用/土地覆盖,包括土地利用与土地覆盖的变化,是反映人类社会与全球变化的最有效的桥梁。土地利用研究中,首先是对地表土地利用情况进行分门别类,分别进行统计和处理。例如:在大类上可以分为:①农用地:是指耕地、园地、林地、牧草地以及内陆水面内的河流水面、湖泊水面、水库水面和坑塘水面;②建设用地:是指居民点、工矿用地、交通用地、沟渠以及水工建筑;③未利用地:是指未利用土地、苇地、滩涂、冰川和永久积雪等等。土地利用动态监测主要是对耕地以及建设用地等土地利用变化情况进行及时、直接、客观的定期监测,检查土地利用总体规划及年度用地计划执行情况,重点核查每年土地变更调查汇总数据,为国家宏观决策提供比较可靠、准确的土地利用变化情况;对违法或涉嫌违法用地的地区及其它特定目标等情况进行快速的日常监测,为违法用地查处及突发事件处理提供依据。

传统的土地利用的获取主要来源于野外调查,费工费时,而且调查范围受到限制。沼泽地、热带雨林、冰川雪原等人员难以进入的地区,是无法进行野外调查的。随着遥感技术的发展,卫星遥感技术成为进行土地利用动态监测的有力工具。1972年,美国第一颗陆地资源卫星(Landsat-1)上天,使人类可以从太空俯瞰自己的家园。卫星传感器获得的各种遥感光谱资料,蕴含了丰富的地表状态信息,这些信息具有定量、宏观、快速等特点,是生物圈、大气圈、全球变化等研究不可替代的信息源。卫星遥感可以覆盖全球每一个角落,对任何国家和地区都不存在以往由于自然或社会因素所造成的信息资料空白地区;卫星遥感影像对任何一个区域都可以进行周期性的重复探测,这样对同一个地区就可以获得不同日期、不同月份、不同季节的动态解译信息,进而为利用所解译的信息进

第四章　GIS在全球变化领域中的应用

行动态分析提供了数据保证；卫星遥感资料可以及时地提供广大地区的同一时相、同一波段、同一比例尺、同一精度的数据信息，为缩短成图周期，降低成本提供了可能。遥感技术的应用大大减轻了野外工作量，可以将大量的野外工作转到室内来完成，但是它也有一定的局限性，如成像时间受天气条件的限制、图像的几何误差等。将卫星遥感与传统手段相结合，可以取得过去单纯用传统手段无法取得的重大成果。将遥感的影像数据与GIS背景数据（地形、气象、社会经济等）相结合，可以构建科学合理的分类方法，进行土地利用分类。目前遥感、GIS技术已成为土地利用和土地覆盖分类的主要手段（图4.17）。

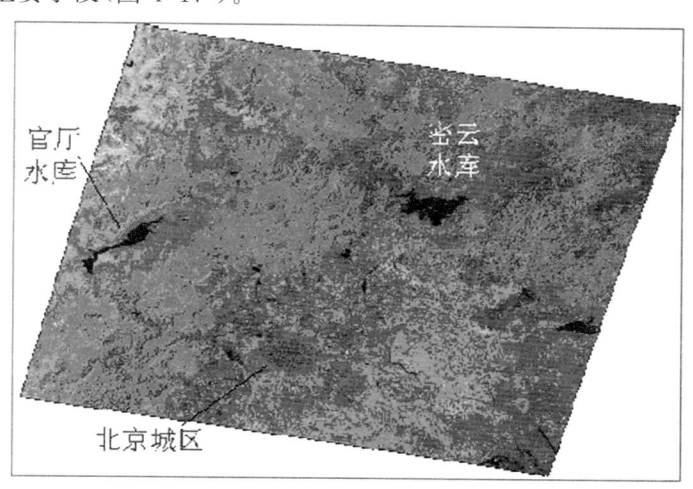

图4.17　北京市1999年陆地资源卫星（Landsat-TM）
影像（1999年8月10日）

中国是一个地域广阔、资源类型多样、土地利用类型和土地利用结构复杂的国家。为了满足大尺度土地利用/土地覆盖宏观调查与监测的要求，一般将土地利用/土地覆盖分类系统共分为二级，包括一级类型6个和二级类型25个,其中一级类型包括耕地、林地、草地、水域、城乡建设用地以及未利用土地;二级类型则根据土地的覆盖特征、覆盖度及人为利用方式上的差异做进一步的划分,例如:林地进一步划分为有林地木、灌木林和疏林地,草地进一步划分为高覆盖度、中覆盖度和低覆盖度草地,这对于进一步研究植被变化、土地退化和荒漠化具有十分重要的意义。在地理信息系统和遥感图像处理系统的支持下,建立分区的地物判读标志,在计算机上直接进行解译,形成矢量图层,存储在GIS空间数据库中,便于今后的分析和管理(图4.18)。

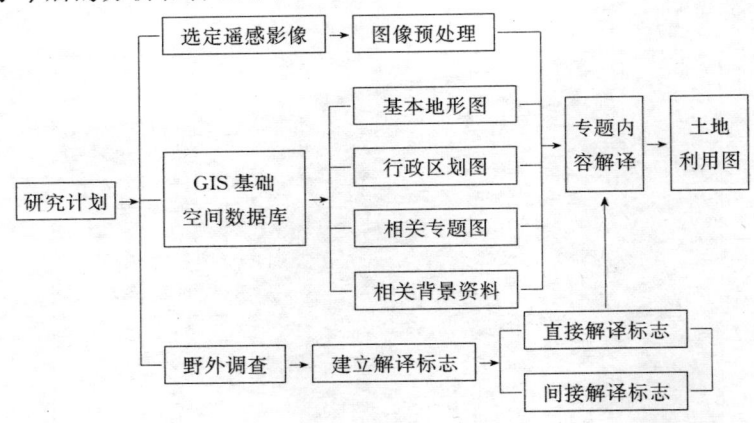

图4.18 基于遥感和GIS的土地利用情况监测工作流程

多时相遥感影像与GIS背景信息的结合,可以提供土地利用年际变化特征,实现土地利用情况的动态监测。动态信息的获取来自于不同期遥感影像的对比,依托于遥感、地理信息系统一体化软件,可以勾画出土地利用/土地覆盖动态图斑,形成动态变化数据库:首先对不同年份的遥感图像分别进行土地利用分类,然后在精确的空间配准基础上,对两个分类图层进行叠加分析,确定土地利用变化区域、变化内容、变化程度。其工作流程如图4.19所示。

第四章 GIS在全球变化领域中的应用

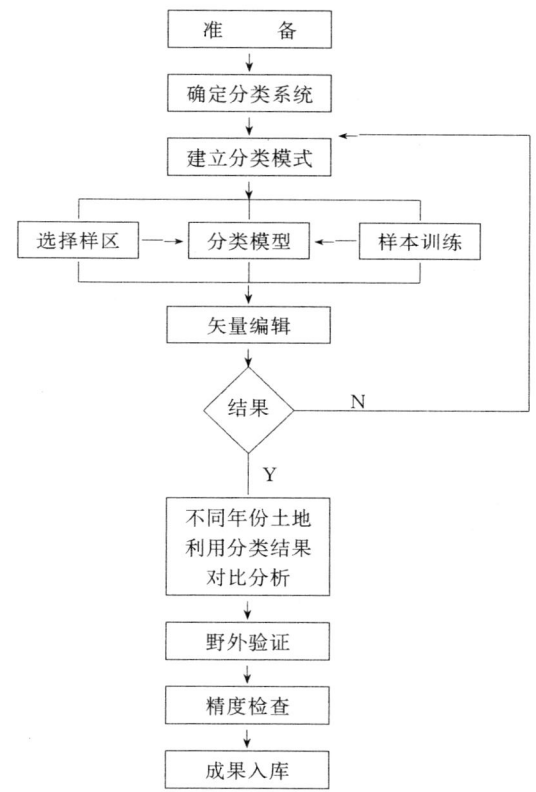

图 4.19 基于遥感和 GIS 的土地利用变化动态监测工作流程

图 4.20 为北京市延庆县县城附近的土地利用年际变化情况（1999 和 2000 年）。

我国在这方面的研究和实践工作已经相当成熟。例如：中国科学院地理科学与资源研究所在 1∶10 万比例尺的水平上，对国家耕地面积每年的变化情况、全国各个土地利用类型（包括森林、水域、草地、荒漠、滩涂等）每五年的变化情况进行全面的动态监测，从中发现变化，并找出变化的主要原因，以提供科学依据和决策支

图 4.20 北京市延庆县县城附近的土地利用
年际变化情况(1999 和 2000 年)

持。"九五"攻关的成果,包括 1995 年以来每隔两年全国耕地和城镇面积的变化,以及 2000 年中国资源环境整体状况的数据,均以完全覆盖国土陆地部分的遥感数据作为基础,经过计算机人机交互解译,形成专题图件,然后定期更新,提取变化信息,技术路线成熟,已取得了有效的时空过程监测结果(图 4.21)。

1999 年初,水利部水土保持司决定开展全国范围的第二次全国土壤侵蚀调查工作,其主要目的在于摸清我国土壤侵蚀的基本状况,研究采用中国资源环境数据库的 1:10 万土地利用数据和全国 TM 图像深加工数据本底,全面利用中国资源环境数据库现有的数据标准、技术系统规范和数据库操作规范以及无纸作业调查流程进行全国第二次土壤侵蚀调查工作。项目完成了全国范围 31 个省市自治区 3000 余个县市 1:10 万比例尺的土壤侵蚀调查,建成了全国 1:10 万土壤侵蚀数据库。国土资源部首次大批量

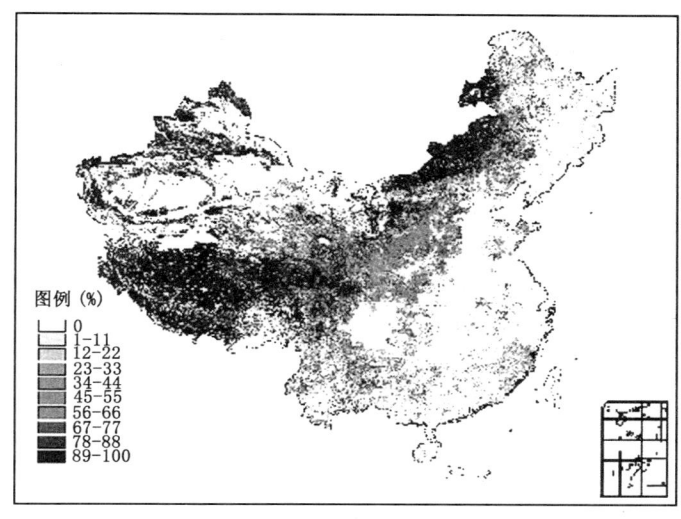

图 4.21 中国草地资源的空间分布格局
(中国科学院地理科学与资源研究所资源环境数据中心,2000)

应用高分辨率卫星数据,成功地对全国 66 个 50 万人口以上城市 1999 年度土地利用变化情况进行了监测。监测以美国陆地卫星 TM 数据和法国 SPOT 卫星数据为主要数据源,监测重点是土地利用总体规划经国务院审批的 50 万人口以上城市,主要分布在东北、华北及中南地区,监测区内耕地面积占全国耕地总面积的 19.5%,总监测面积达 71.4 万 km^2。此后,土地利用动态遥感监测已被列入新一轮国土资源大调查项目计划,2000—2010 年,每年对全国重点城市进行监测,逐步建立全国土地利用动态监测体系,完善土地利用调查、监测、统计制度。

荒漠化监测

荒漠化是当今全球最严重的环境与社会经济问题之一。我国是世界上荒漠化危害严重的国家之一,尤其是我国北方的沙漠化(沙质荒漠化)以其面积广大和发展迅速而引人关注,荒漠化监测任重道远。

　　荒漠化监测的思路与土地利用监测较为类似,即包括现势评价、多年状况对比(动态变化)和荒漠化预警。我国目前已经建立了分布于全国各典型生态区的生态观测网站,对典型风沙防治区进行定点观测,以这些野外试验站定位监测数据为基础,依托遥感、地理信息系统、全球定位系统技术,可以建立县级典型生态区荒漠化监测与预警系统。下面以宁夏中卫县为例,详细介绍该系统的建立步骤:

　　典型生态区荒漠化监测规范与基础数据集成:以宁夏中卫县沙漠化综合防治区为试验区,分析其主要生态环境特征及主要环境问题,建立和完善生态环境监测的指标体系和规范标准,开展野外试验站长期定位观测;全面收集区内站点长期观测数据、气候、地质、土壤等自然和社会经济数据,进行标准化集成处理,建立统一格式、规范的属性数据与空间数据结合的背景数据库系统,提供基础数据支撑。

　　生态环境过程关键特征参数的遥感尺度转换研究:选择位于中卫县荒漠化综合防治区的沙坡头试验站为观测样区,分析其主要生态过程和环境特征,选取对生态系统结构、功能和恢复重建及环境改善有重要指示的敏感生态特征参数,开展地面同步观测,充分发挥多种遥感数据的优势,建立遥感信息对主要生态过程关键特征指标的遥感定量模型,在此基础上,利用 GIS 的空间分析功能,实现主要生态特征因子和生态模型由点到面、生态站到区域的空间外推,为建立区域尺度生态环境监测预警系统提供理论、方法依据和技术支持。

　　荒漠化监测与预警系统的建立:在地面站点长期观测的基础上,结合卫星遥感宏观监测,建立一个县级生态环境预警示范系统,对典型风沙区脆弱生态系统的变化趋势、生态恢复过程和荒漠化对未来环境的影响进行示范预报和预测,为整个西北地区生态环境预警系统建设提供科学依据。

研究中选择以宁夏中卫县的沙坡头生态站为核心的风沙防治区为试验场（1～10km²）（图 4.22），布设沙地、荒漠、荒漠草原的遥感观测场，开展地面同步定位观测及光谱测量，与卫星遥感信息结合，开展理论研究和技术攻关，解决区域生态系统监测的尺度转换和时空反演关键技术，最终建立一个县级典型风沙区生态环境监测预警示范系统（图 4.23）。

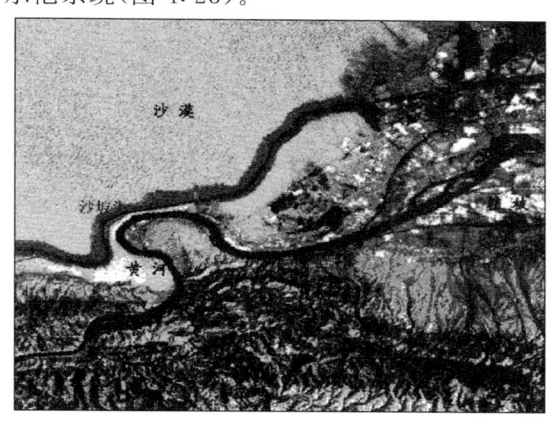

图 4.22　宁夏中卫县沙坡头观测站

图 4.24 和图 4.25 为在 GIS 支持下，利用遥感影像结合地面资料得到的中卫县 1995 和 2000 年的土地利用分布图（比例尺为 1∶10 万）。

农作物监测系统

"民以食为天"，粮食生产是关系到国计民生的重要问题。我国人口已突破 12 亿，粮食需求的压力不断增长，同时，我国的农业生产水平相对落后，粮食生产影响因素多样，经常会出现波动，因此粮食作物生长状况的动态监测和产量及时、准确地预测，对于国家粮食政策的制定、价格的宏观调控和对外粮食贸易都具有重要的

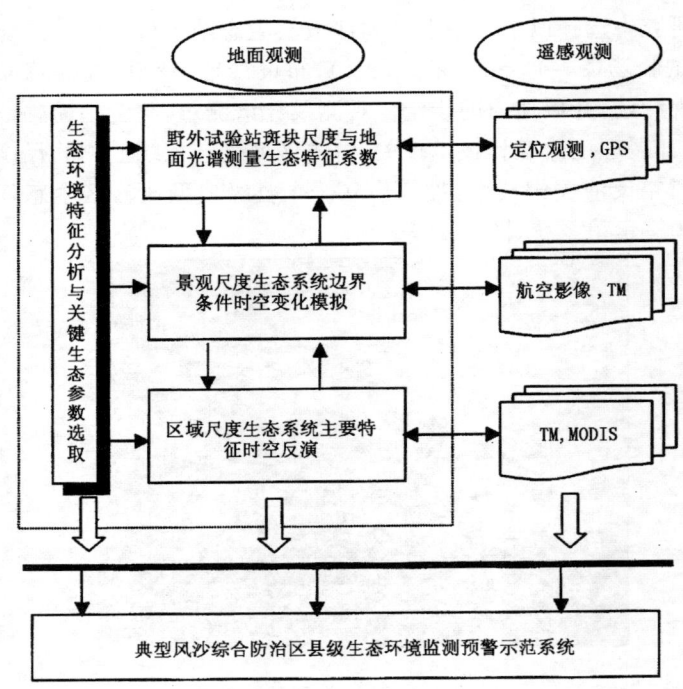

图 4.23 荒漠化监测与预警系统构建流程图

意义。

传统的农作物估产,是采用人工区域调查方法,速度慢、工作量大、成本高。1974 年,美国农业部(USDA)、国家海洋大气管理局(NOAA)、宇航局(NASA)和商业部合作开展了"大面积农作物估产实验(LACIE)"计划,开农作物遥感估产之先河。到 1977 年,其对全球的小麦估产精度高达 90% 以上。1980—1986 年,美国又开展了"农业和资源的空间遥感调查计划(AGRISTARS)",进行国内及世界多种粮食作物(小麦、水稻、玉米、大豆、棉花等 8 类)长势评估和产量预报,取得了巨大的经济效益。此后,世界其它国家

第四章 GIS 在全球变化领域中的应用

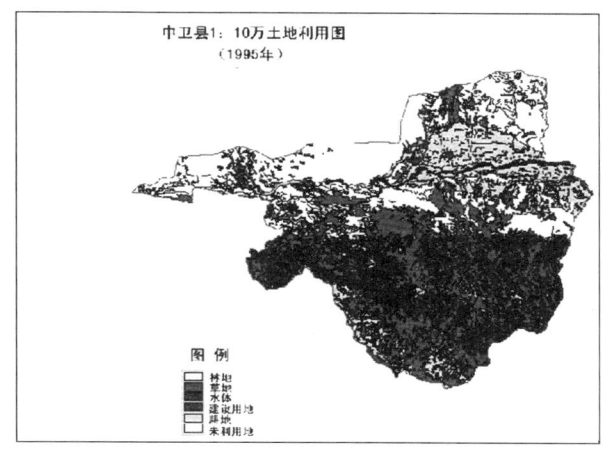

图 4.24 中卫县 1995 年土地利用分布图
（比例尺为 1：10 万）

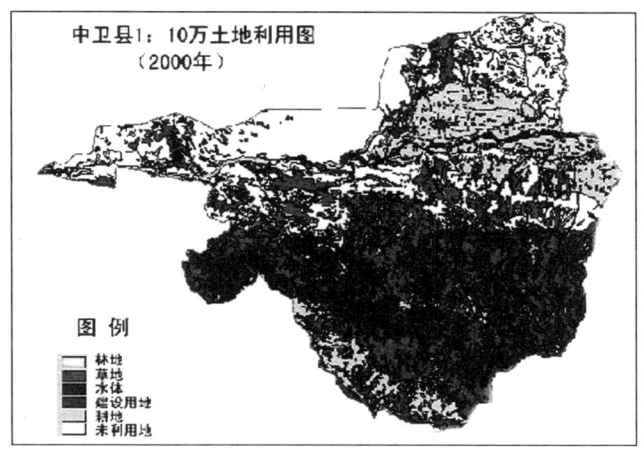

图 4.25 中卫县 2000 年土地利用分布图
（比例尺为 1：10 万）

和组织,也先后进行了遥感估产研究,如世界粮农组织(FAO)、加拿大、英国、俄罗斯以及亚洲的日本、印度、泰国等,取得了不同程度的效果。现代卫星遥感技术具有宏观、快速、准确、动态的优点,目前已被广泛应用于各种粮食作物产量的估算之中,成为卫星遥感与农业交叉领域的研究焦点。

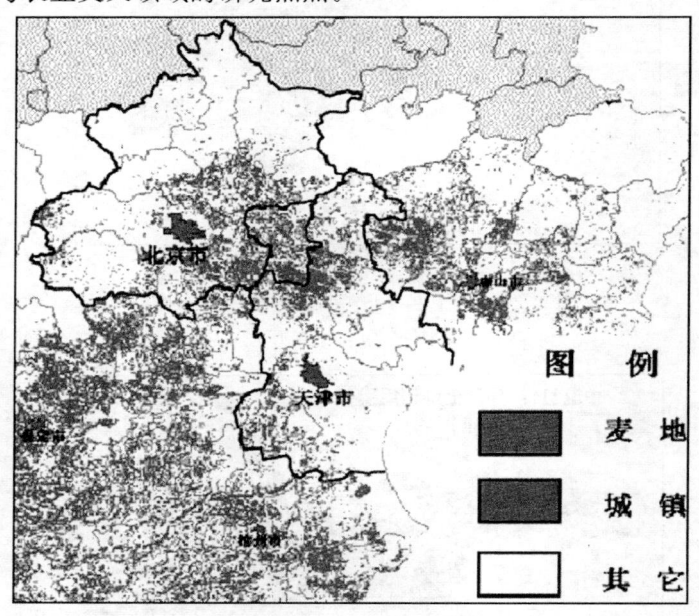

图 4.26 利用 GIS 和遥感影像提取的冬小麦播种面积分布图
(北京、天津,1999 年)

我国起步较晚,但发展迅速。1983—1987 年间,国家经委和农业部进行了京、津、冀冬小麦遥感估产试验;同时,国家气象局开展了北方 11 省市小麦气象卫星综合测产;"八五"期间,国家将遥感估产列为攻关课题,开展了全国重点产粮区主要农作物(冬小麦、水稻、玉米)大面积遥感估产,建立了估产运行系统,分别对四省两市（河北省、河南省、山东省、安徽省和北京市、天津市）的小麦，湖北省、江苏省和上海市的水稻，吉林省的玉米的种植面积和产量进行了监测和预报；黑龙江省遥感中心和河北省遥感中心分别进行了大豆和棉花的遥感估产试验，这些成果已交农业部、国家统计局、经贸委和地方政府推广，在指导农业生产和农业决策中发挥着重要作用。目前，用遥感技术进行农作物长势监测和产量预报，方法已日趋成熟，今后将向着高精度、短周期、低成本方向进一步深入，为国民经济和农业的可持续发展做出更大的贡献。

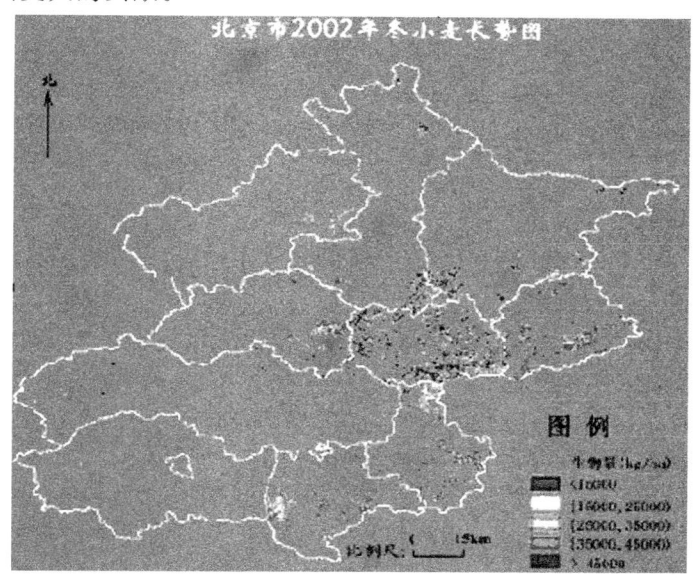

图 4.27　北京市 2002 年冬小麦长势监测图

农田和非农田、不同类型的作物之间，其波谱特性不同，由此通过 GIS 的空间分析功能，可以从卫星照片上区分出农田及不同的作物类型，这一过程称为作物识别与播种面积提取；同一种作物，由于光、温、水、土等条件的不同，其生长状况也不一样。GIS 充分发挥其整合多源数据的能力：将遥感信息、统计信息、调查信息综合分析，判断作物的生长状况，从而进行长势监测，并进而对最终的产量进行预测预报。利用 GIS 和遥感影像提取的冬小麦播种面积分布如图 4.26 所示，北京市 2002 年冬小麦长势监测图，见图 4.27。

第五章
GIS 的应用前景

计算机技术特别是互联网技术,为 GIS 的发展注入了新的活力。今后,GIS 将大大推进"虚拟气候系统"的实现;网络 GIS 使全球地学数据、资源共享成为可能;同时,插上互联网之翼的 GIS 将走出深闺,飞入千家万户,为人们的日常生活增光添彩。

目前,开展全球变化研究自然得到全社会的关注。全球变化是地球各圈层(大气圈、水圈、生物圈、岩石圈)与人类活动相互作用的结果。以 GIS 为核心的数字地球是研究全球变化的天然平台。全球变化问题的复杂性和紧迫性对 GIS 提出了新的要求,促使 GIS 向更高层次迈进。"海纳百川,有容乃大",GIS 将在与多种前沿学科的交叉、碰撞中,不断融入新鲜血液,更好地为全球变化研究服务。

GIS 将与仿真技术深入融合,结合地学领域的应用模型,对全球气候变化进行动态模拟,包括陆地生态系统演化、地表植被覆盖与大气温室气体的动态监测、大气-植被-土壤系统(SPAC)相互作用模型、全球尺度三维动态大气动力和整体模拟的研究等。通过科学的仿真和对模拟结果的综合分析,发掘全球变化的机理和模式,为我们共同的未来做出更好的分析和预测。

基于网络的空间信息共享是GIS发展的重要方向之一。集腋成裘,堆石成山,全球变化研究是建立在全球意义上的,需要全人类的群策群力:首先,不同区域具有独特的区域环境背景和人文特征,需要各领域的专家学者共同参与;其次,地球各圈层间相互作用极其复杂,对其进行模拟需要海量的数据支持和超规模的并行计算能力。在网络技术的支持下,GIS可以实现全球范围的空间数据获取、传输、发布、共享等服务。

科学研究的最终目标应该是服务于人类社会。GIS的服务对象将不再只是政府部门、专业机构,而会扩大到所有有需求的公众,插上互联网之翼的GIS将走出深闺,飞入千家万户,为人们的日常生活增光添彩。

虚拟气候系统

气候系统是一个复杂的巨系统,气候变化是地球各圈层间复杂相互作用、相互影响的产物。要模拟地球的气候,模拟者需要决定应该包括气候系统的哪些要素,需要考虑哪些变量,而这些要素之间又是相互作用的。比如说,仅仅是要进行短期天气状况的模拟,以进行天气预报,那么我们的模拟模型必须考虑温度、风、湿度、云和雨水等要素,了解它们在地球表面三维空间的分布以及随时间的变化趋势。目前,存在着多种类型的气候模型,与实际的要求相距甚远:或是考虑的要素太少、理论过于简化,或是针对地球的某一局部地区,难以推而广之。因此,为了寻求气候系统的发展与演变规律,必须探讨全球范围内气候系统在多因素影响下的变化机制,只有全面地考虑区域、全球多个要素,从不同时间尺度和空间区域深入地探讨气候系统,才能真正把握气候变化的脉搏,准确预测其变化趋势,制定科学合理的应对方略,使全球变化研究真正地为社会服务(图 5.1)。

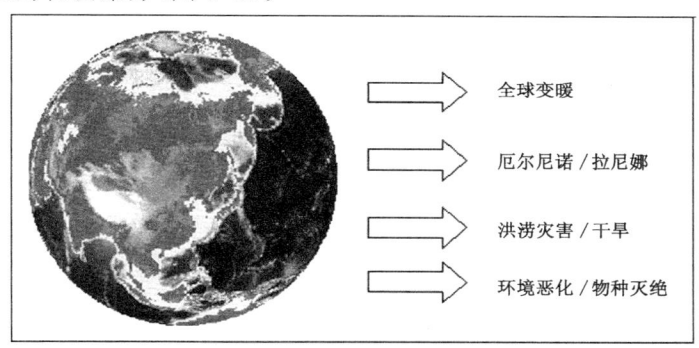

图 5.1 美丽的地球、多变的气候系统与复杂的全球问题

为了实现上述目标,科学家们知难而进,努力奋斗,希望在 GIS 和仿真技术的支持下,建立一个虚拟的气候系统。虚拟气候系统的建设就好比是上帝造人:以"数字地球"的构想为蓝本,GIS 及其相应的基础是骨骼,卫星遥感、全球定位系统(GPS)等提供的空间信息是血液,大气圈、水圈、生物圈和岩石圈等应用模型相当于人的各器官,完成各项功能。

建设虚拟气候系统的目的是为了应用。利用虚拟气候系统,首先可以对全球变化的过程进行模拟和仿真,深化我们对气候变化内在规律的认识,更重要的是对各种可能的情况进行模拟来回答这样的问题:"如果我们采取这样或那样的措施,那么若干年后,全球的气候将产生什么样的变化?"。提供不断地调试,可以为我们寻找一个个气候问题可能存在的最佳解决途径,从而提高人类应付全球变化的能力。由此可见,虚拟气候系统可以广泛地应用于对全球变暖、海平面变化、荒漠化、生态与环境变化、土地利用变化的监测等。与此同时,还可以对社会可持续发展的许多问题进行综合分析与预测。

社会的需要是最大的推动力。目前,世界各国的政府部门、研究机构纷纷开展虚拟气候系统领域的研究工作。2000年3月,德国联邦政府教育与研究部和德国科学基金会(DFG)共同策划制定了一项超大型研究计划:在未来15年(2000—2015)建设面向全球的"地球工程",该计划的研究目标是认识这些过程及其相互变化关系以及评估人类对于自然平衡和自然循环的影响,这些系统和过程的知识应该是'地球管理'的未来发展方向的基础。德国政府预计对该计划的实施投入经费达5亿马克。

2002年4月,日本人宣布制造出了世界最快的计算机"NEC地球模拟器"(NEC Earth Simulator)(图5.2),用于研究气候变化模式和气象预测。地球模拟器是由宇宙开发事业团、海洋科学技术中心、日本原子能研究所共同开发的,花了5年时间,耗资3~4亿美元。NEC超级计算机由640个节点组成,每个节点包括8个矢量处理器,占地相当于4个网球场。"地球模拟器"每秒钟可进行35万亿次浮点运行,以强势胜过IBM的ASCI"白色"系列计算机(配置有8192个处理器)。地球模拟器的目的是创造一个"虚拟地球",通过高级数字模拟,展示全球海洋、大气的变动情况,进行全球气候变动预测,如全球变暖、酸雨、台风、厄尔尼诺现象等,提高天气预报的精度。地球模拟器的另一功能是对地壳运动状况进行监测,期望实现对地震、火山爆发、大型泥石流等自然灾害的预警。

地球模拟器(内部结构见图5.2)采用分布式计算,将地球系统划分为空间分辨率为10km×10km的地理信息栅格,耦合各种应用模型,模拟大气及海流的变化情况。在模拟地球上1d的大气流动情况时,地球模拟器只用了40min就处理完毕。由于其性能达到了此前世界最高性能的美国超级计算机的 5 倍以上,因此美国的报道甚至将其称为"Computenik"(新造词汇,表示美国自 1957 年人造卫星浪潮以来的又一次冲击)。该系统有望在今后的几年内对地球环境研究做出巨大贡献。

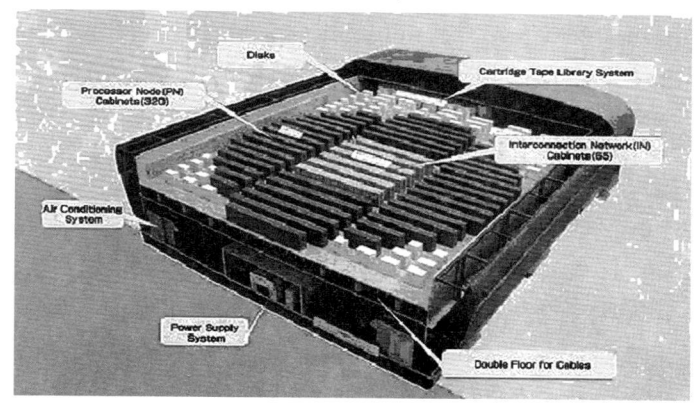

图 5.2 地球模拟器的内部结构
(据 http://www.es.jamstec.go.jp/esc/eng/)

互联网时代的 GIS

从区域角度开展全球变化研究注重区域变化对全球变化的影响和响应,区域人地系统结构特征、变化过程分析以及区域可持续发展模式的构建,应是当今全球变化研究的主流。

互联网(Internet)技术的迅速崛起及其在全球范围内的飞速发展,使万维网(World Wide Web 简称 WWW 或 Web)成为高效的全球性信息发布渠道。Internet 为 GIS 的发展提供了新的机遇,Internet 已成为 GIS 新的操作平台。Internet GIS 就是以 Internet 为支撑框架的 GIS,它的理想是以 Internet 为媒介,能够让全球用户使用全球范围内地理信息数据的地理信息系统。当前 Internet 正在以惊人的速度迅速膨胀发展,今天,WWW 所具备的图形用户环境、用户查询和实时数据库获取和数据展示功能,为实现通过WWW根据用户请求交互式制作和展示地图数据提供了可能。在这样的形势下,如何将GIS引入Internet世界,使GIS充分利用和发挥互联网的优势,就成为GIS发展研究的一个重要课题。

Internet与GIS结合成Internet GIS是GIS软件发展的必然趋势。Internet GIS充分利用和发挥互联网的优势,为适应当今空间数据类型繁多、数据量大、分布广等特点以及多维、动态的应用分析需求,将现代信息技术和以计算机网络为依托的分布式处理策略引入到GIS中,是对空间数据的采集、存储、管理、共享、应用和可视化等方式进行的一场革命。与传统的基于桌面或局域网的GIS相比,Internet GIS具有如下特点:

● 全球范围的空间信息共享:Internet就像蜘蛛网一样,在世界各个角落绵绵延展。Internet GIS最可贵的一面就是充分体现"我为人人,人人为我"的精神:在世界上任意一个WWW节点的Internet用户,都可以发布自己手里的地理信息,同时也访问多个位于不同地方的服务器上的最新数据,使分布式的多数据源的数据管理和合成更易于实现。

● 全球范围的空间信息服务:传统的桌面GIS建立在特定的平台和操作系统之上,基于Java技术建造的Internet GIS利用Java语言的跨平台特性,实现空间信息分析、操作等程序的"一次编成,到处运行",具有GIS功能的Java Applet实时下载运行,无需预先安装。因此,Internet GIS在空间信息共享的同时,实现了空间信息服务共享。利用计算机网络技术,能使GIS实现分布式存储与管理,共享分布在不同地点的各种软硬件资源及数据库,能够极大地提高系统资源利用率,扩大信息使用范围,既能快速高效地完成所需的功能,又节约了投资。

● 成本低廉,经济实惠:不同的用户,从涉及的空间数据的内容到处理方式都大相径庭。有的需求可以用静态图像完成;有的是对固定信息层的显示、查询;而一些专业人员,如科研人员,需要对空间信息进行各自深度的操作。Internet GIS 用"度身定制"的方式,让用户根据自己不同层次的需求,灵活选择所需功能,例如:对于一个普通的地理爱好者,在客户端不必配备昂贵的专业 GIS 软件,而是下载空间数据浏览器,即可满足要求,这样也不需什么维护费用。

● 操作简单,易于掌握:传统的 GIS 功能包罗万象,操作繁复,普通用户往往在一层套一层的下拉菜单面前望而却步。因此,GIS 一度仅仅局限于少数受过专业培训的专业用户。通用的 Web 浏览器降低操作复杂度,操作简单,易于广大的普通用户所掌握,因此有利于 GIS 的广泛推广。

通过上述介绍,读者对 Internet GIS 的特性有了大致的认识,图 5.3 给出了 Internet GIS 的基本实现框架。

目前,国际上知名的 GIS 公司纷纷推出了 Internet GIS 产品,有 ESRI 公司的 ARC Internet MapServer(ARCIMS)和 ArcView Map Server,MapInfo 公司的 MapXtreme,Intergraph 公司的 Geomedia Web Map;AutoDesk 公司的 MapGuide 等。我国的"吉奥之星"、超图等也推出了网络服务产品。可以预见,在不久的将来,Internet GIS 将全面取代传统的 GIS,成为市场和应用的主流。

飞入寻常百姓家

20 世纪 80 年代,一个叫比尔·盖茨的美国人有一个梦想:让计算机走上每个人的办公桌。今天他的愿望已基本实现,他也从辍学生成为了微软帝国的领袖。GIS 发展的理想境界也是如此。2000 年,Davis 和 David E. 等人提出了"庶民的 GIS"(GIS for everyone)的口号,美国环境资源研究所(ESRI)也将个性化 GIS 服务(ESRI:GIS for your specialty)作为其新的经营理念。目前,

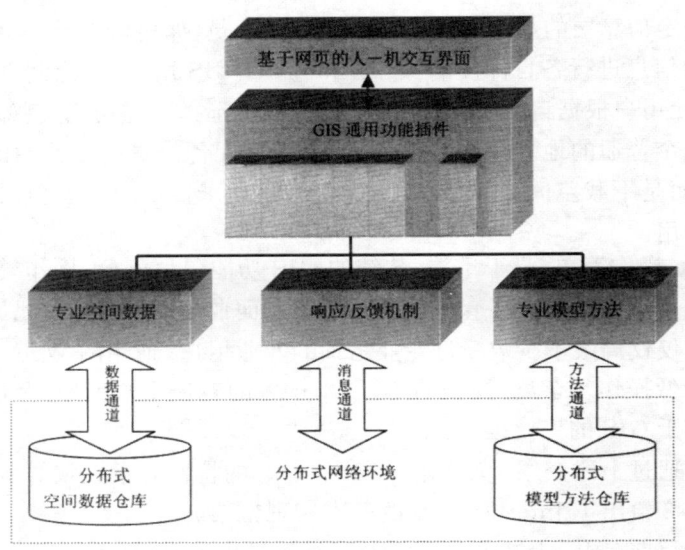

图 5.3 Internet GIS 的基本实现框架

地理信息交换的技术问题已经基本成熟,一旦地理信息为广大公众所认知,那么地理信息产业将迅速崛起。

国家基础地理信息中心主任陈军教授近日这样形容数字化地理的最高境界:"把复杂的地理信息变成全社会都能够充分利用和享受的信息数据。"Internet 使 GIS 应用走向公众,互联网与 GIS 的结合,将使这一梦想不再是梦想。Internet GIS 提供了一种易于维护的分布式 GIS 解决方案。地理数据的概念已经扩展为分布式、超媒体特性的、相互关联的数据,Internet GIS 应用终将走上普通人的办公桌、走进千家万户的家用电脑,与 Internet 本身一样,成为人们日常生活必不可少的实用工具,从而使 GIS 进入千家万户。

对于爱好旅游的朋友来说,往往遇到这样的问题:想去一个心仪已久的城市旅游,该如何选择最佳的线路?当置身于一个新的城市,面对陌生的巷道、如织的车流,该何去何从?不用着急,GIS可以解决您的问题:您可以在出发前,坐在家里的电脑前,登陆几家提供网上 GIS 信息服务的网站(当然是免费的),鼠标轻轻一点您想要去的地方,就可以获得关于目的地的大量信息,最重要的当然是最近几天的天气情况,还有如位置、路线、风土人情、车站、饭店、宾馆等等。到了目的地后,您可以利用车站等公共场所、旅店的前台,通过触摸屏式电脑查询当地的地理信息(目前在中国越来越多的城市提供这样的服务),包括旅游景区、商业街区、公用设施等,这样,您就不必担心迷路,尽情享受旅行的快乐。图 5.4 就是我国的图行天下网站提供北京市地理信息服务的例子。

图 5.4 基于网络 GIS 的北京市电子地图服务
(图行天下信息咨询有限公司 www.go2map.com)

随着数字移动通信系统(GSM)和移动通信技术的发展,GIS在人们的日常生活中的应用范围更加广泛。目前,一些通讯公司已经推出了新一代移动电话服务——空间位置服务,用户可以通过无线应用协议(WAP)手机从地图上搜索地址、邮编、车站、饭店、宾馆等,大大方便了人们的生活。掌上电脑等个人数字助理(PDA)是实现移动地理信息服务的又一种新的载体。掌上电脑加上简单的 GIS 功能,可以在城市的电子地图上任意漫游,提供生活化、个人化的地图信息服务(图 5.5)。手机和掌上电脑可以随身携带,因此真正实现随时随地使用地理信息。

在我国的很多城市,空间信息技术与 GSM 技术相结合,已开始广泛应用于车辆安全防范系统和调度系统,为人们提供车辆反劫防盗、报警、道路指引、医疗救护等服务。例如:运钞车的监控、出租车的灵活调度、交管部门通过监控系统车辆行驶状况对交通进行疏导、个人可以从车载 GPS/GIS 系统选择行车路线。今后,在我们的生活中,无论是开车、行走或者是在单位、在家里,都可以通过由 GIS,GPS,互联网以及无线通信技术构成的综合服务系统获得急救、报警和各种商务服务,使我们体验立体的、全方位的数字化生活,享受数字空间高科技价值。

图 5.5 基于掌上电脑(PDA)的地理信息服务

从世界上第一套完整意义上的 GIS 系统诞生到现在,不过短短的 20 余年,弹指一挥间,从互联网、"信息高速公路"到数字地球,空间信息技术日新月异,地理信息系统(GIS)、遥感(RS)、全球定位系统(GPS)等构成的"3S"技术已经成为发展最快的、最激动人心的领域之一,它结合通信及其它 IT 技术,不仅为气候变化、温室效应等全球资源环境问题提供了新的解决途径,也为我们展现了一种全新的工作和生活模式,使人们对未来更加充满信心。让我们为之企盼欢呼,为之钻研努力,并尽情享受我们的数字化生活吧!

参考文献

白璧玲.地理信息系统在气候变迁上的应用——空间资料的呈现,http://gate.sinica.edu.tw/cc/gis/ecna/GISap.htm

边馥苓.1996.地理信息系统原理和方法.北京:测绘出版社

陈述彭,鲁学军,周成虎.2001.地理信息系统导论.北京:科学出版社

陈述彭,邵宇宾.全球变化研究与地理信息系统.地理学报.1996,51(增刊):15～25

郭达志.1996.地理信息系统基础与应用.北京:中国地矿出版社

Houghton J.著.戴晓苏,石广玉,董敏等译.2001.全球变暖.北京:气象出版社

黄杏元.1990.地理信息系统概论.北京:高等教育出版社

江东,王乃斌,Rosema.中国能量与水平衡系统.遥感信息.2002.6:7～10

江东,王钰,王建华.多源图像信息融合的理论与技术.甘肃科学学报,2002,14(1):41～45

李德仁.信息高速公路、空间数据基础设施与数字地球.测绘学报,1999,28(1):1～5

李德仁,关泽群.2000.空间信息系统的集成与实现.武汉:武汉测绘科技大学出版社

李德仁,李清泉.地球空间信息科学的兴起与跨学科发展.见:周光召主编.科技进步与学科发展.北京:中国科学技术出版社.1998.448～452

尼葛洛庞蒂.胡泳译.1996.数字化生存.海南:海南出版社

宋长青,冷疏影,吕克解.地理学在全球变化研究中的学科地位及重要作用.地球科学进展.1998.1:318

汪成为,高文,王行仁.2001.灵境(虚拟现实)技术的理论、实现及应用.北京:清华大学出版社

邬伦,刘瑜.2001.地理信息系统——原理、方法和应用.北京:科学出版社

张超.地理信息系统实习教程.北京:高等教育出版社.2000.11～13

钟耳顺,王康弘,宋关福,吴秋华.GIS多源数据集成模式评述.99′中国GIS

年会论文集. 深圳:1999.8

Bernhardsen T. *Geographic Information Systems: An Introduction*. New York:John Wiley & Sons,Inc. 1999. 76

Clarke K. *Getting Started with Geographic Information Systems*. New Jersey, Prentice Hall Inc,2001. 49

Chrisman N. *Exploring Geographic Information Systems*. New York:John Wiley & Sons,Inc. 2002. 124

Langran G. Issues of implementing a spatial-temporal system. *Int. J. Geographic. Information Systems*,1993,7(4):305~314

Longley P A,Goodchild M F,Maguire D J,Rhind D W. *Geographic Information Systems and Science*,John Wiley & Sons LTD,New York,2001

Maguire D J. Goodchild M F, Rhind D W. *Geographical Information Systems: Principles and Applications*. Longman,London,1991